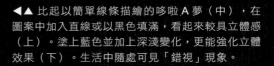

與明亮度
大腦決定的？

人類看見的顏色是由大腦從眼睛接收的光線中加以辨別，大腦會綜合判斷眼睛接收的資訊，不過偶爾也會產生錯覺，也就是所謂的「錯視」，又稱「視錯覺」（請參閱第19頁）。這就是我們會將畫在紙上的平面圖案看成立體圖案的原因。

◀▲ 比起以簡單線條描繪的哆啦A夢（中），在圖案中加入直線或以黑色填滿，看起來較具立體感（上）。塗上藍色並加上深淺變化，更能強化立體效果（下）。生活中隨處可見「錯視」現象。

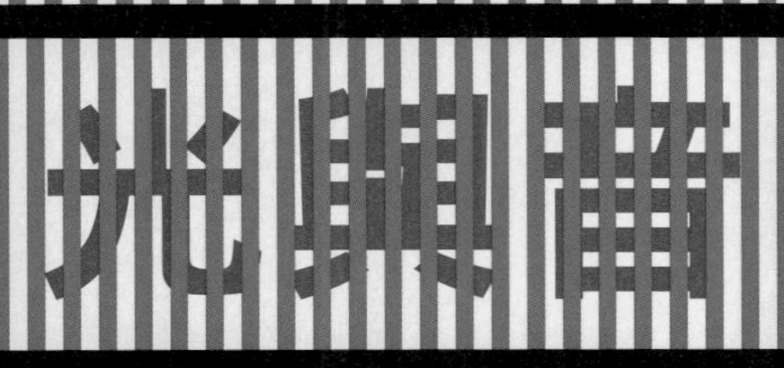

▶ 右方兩個「光與音」的文字皆採用與下方範例相同的紅色，但右上方的紅色看起來較亮，右下方的紅色看起來較暗。即使本身是相同顏色，周圍顏色不同看起來就不一樣。這就是「蒙克白錯覺效應（Munker-White effect）」，屬於視覺錯視的一種。

◀ 與「光與音」文字相同的紅色。

大自然蘊藏著光的不可思議現象

▲ 彩虹是大自然的稜鏡（請參閱第 64 頁），讓我們看到太陽光裡蘊藏的無數色彩。

豐富的地球環境與生長在其中的眾多生命，都是靠太陽能量維持活力。不僅如此，太陽光也是地球美景的來源。天空為什麼是藍色的？夕陽為什麼會將天空染成橘紅色？當我們注意到蘊藏在大自然美景背後的各種不可思議現象，光讓我們的世界更顯燦爛。

▶ 極光是受到太陽釋放出的電漿（離子體）與地球磁場影響所產生的自然現象，可說是最極致的光線藝術（請參閱第89頁）。

出處／NASA

◀ 肥皂泡泡的透明球面受到光的干涉現象影響，展現出各種不同顏色（請參閱第90頁）。

▶ 吉丁蟲的體表呈現層狀結構，形成特有的金屬光澤與美麗色調（請參閱第 91 頁）。

攝影／OKUYAMA HISASHI

▲ 早晨與傍晚的太陽光穿透大氣層的距離較長，波長較短的光容易散射，因此我們只看得到紅色與黃色的光（請參閱第 37 頁）。

▶ 海面與上空的劇烈溫差會形成海市蜃樓（請參閱第 65 頁），照片中央是實際上不存在的陸地景色。

光與聲音是科學探索的重要助力

人類在探索外太空和深海等未知世界，最常使用光與聲音科技。從事天體觀測時，利用不同波長的光（電磁波）進行探究，發現至今從未見過的星體。電波無法傳遞的海中，則利用音波調查海底地形，科研潛艇與支援母船之間也利用音波傳輸訊息及影像。

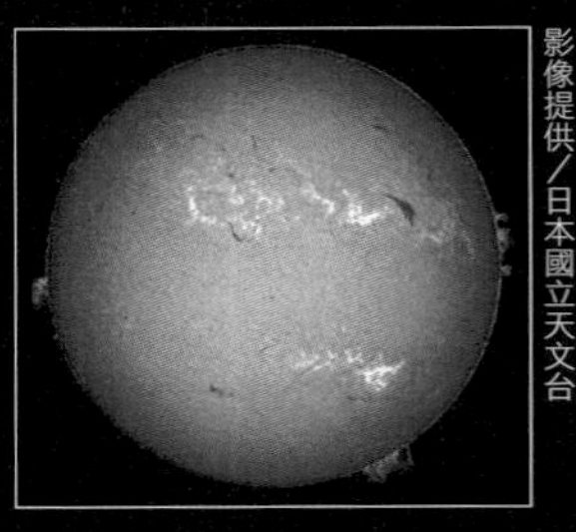

影像提供／日本國立天文台

▶以可見光望遠鏡看到的太陽，可清楚看見活躍的太陽活動。

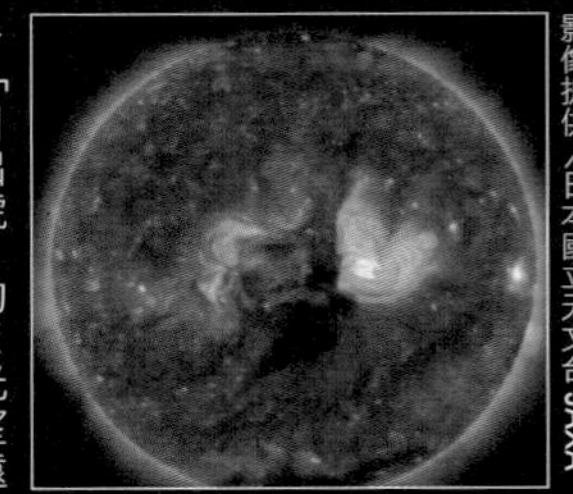

影像提供／日本國立天文台 JAXA

▶「日出號」的X光望遠鏡觀測到的太陽。

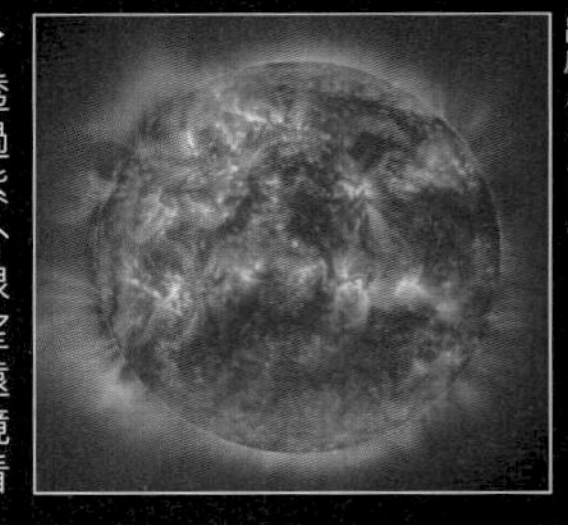

出處／NASA

▶透過紫外線望遠鏡看見的太陽。最外層的日冕閃閃發光。

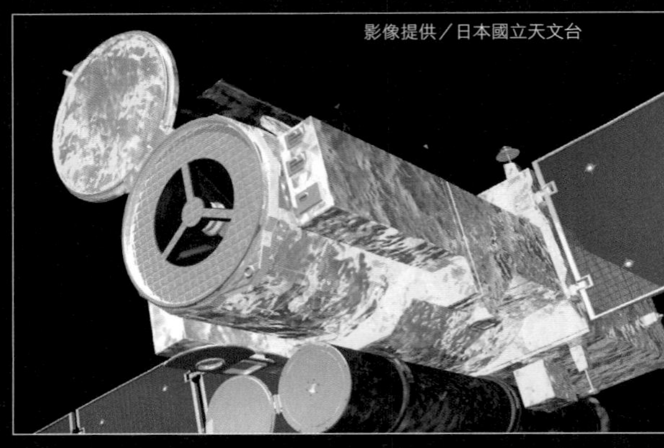

影像提供／日本國立天文台

▲太陽觀測衛星「日出號」搭載可見光、X光與紫外線等三種望遠鏡，在外太空觀測太陽（請參閱第 77 頁）。

しんかい6500

攝影／Toshinori baba

▲科研潛艇「深海 6500」是深海探索的最佳利器。可潛入水深 6500 公尺的深海，是世界上第一艘可載人的深海潛水調查艇。

▼科研潛艇搭載聲響影像傳送裝置，利用音波將在深海拍攝到的彩色影像回傳至母船。

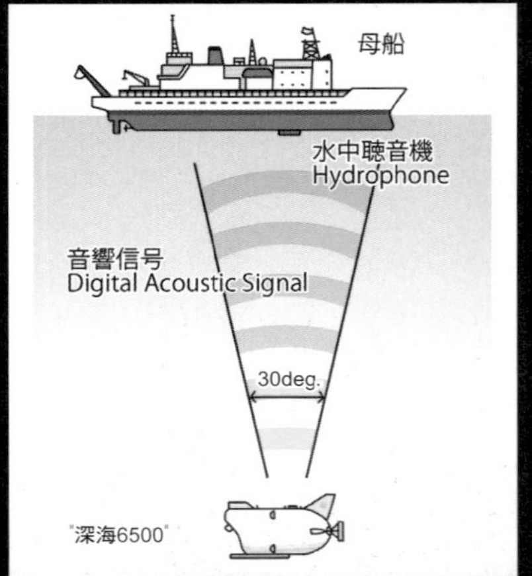
母船
水中聽音機
Hydrophone
音響信号
Digital Acoustic Signal
30deg.
"深海6500"

插圖／高橋加奈子

哆啦A夢科學任意門

DORAEMON SCIENCE WORLD

光與聲音魔法帽

哆啦A夢科學任意門

光與聲音魔法帽

目錄

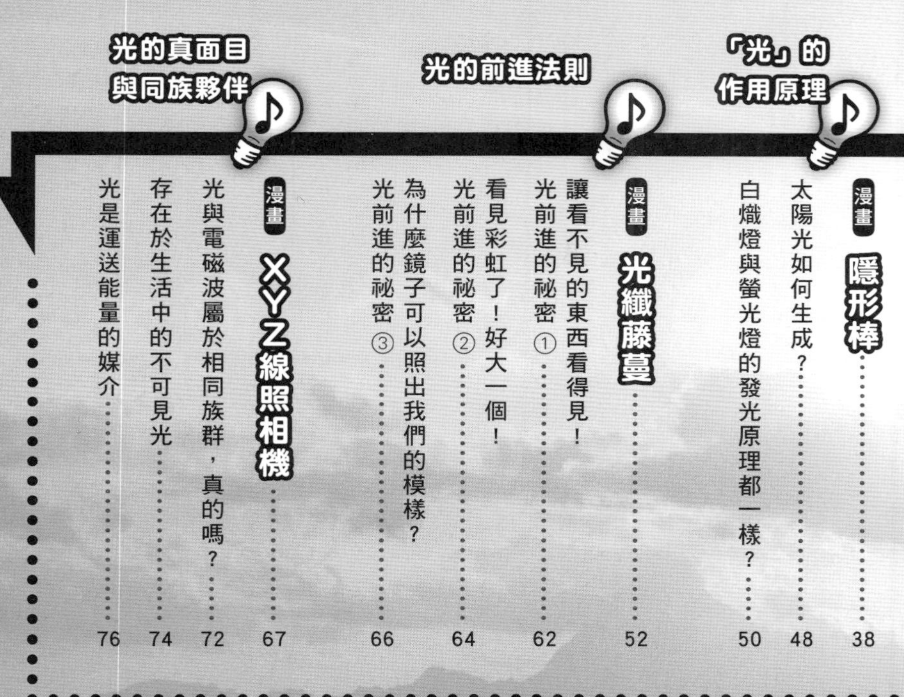

關於這本書

這是一本可以一邊閱讀哆啦A夢漫畫，一邊學習最新科學知識，一次滿足兩種需求的書。

本書先以漫畫點出科學主題，再進一步解說相關原理，其中也包含艱澀難懂的科學理論。希望大家閱讀本書後，能充分掌握人類現在對於光與聲音的了解，以及至今仍未釐清之處。

光與聲音是構成這個世界的重要元素，也是人類生活中不可或缺的關鍵。這個世界有白天與夜晚的分別，我們每天都要利用眼睛去看，利用耳朵去聽，與身邊親友聊天溝通。這種生活型態與史前時代人類剛誕生時沒有兩樣。

怎麼樣？

從我們發現人類生活的起源存在著令人驚奇的物質，也就是「光」與「聲音」的那一刻起，我們花了很長的時間試圖解開關於這兩者的謎團。

晚上開始出現「燈光」、世界開始出現電影與音樂等娛樂、將光與聲音應用在先進的醫療技術之中、發明可以觀測遙遠宇宙的

我想在外太空看到的星空，一定是像這樣的感覺吧！

科學技術……這些都是人類智慧日積月累的成果。

儘管如此，至今還是有許多我們無法解釋不可思議的現象與謎團，甚至在此時此刻，世界上也都還有各式各樣的新發現被發掘出來。

當大家長大成人時，人類對於光與聲音的認識一定會比現在更豐富詳盡。

每位讀者皆肩負著促進未來科學技術發展的責任，衷心希望各位在閱讀本書的同時，也能開心的學習現階段已知的「聲光知識」。這就是我們撰寫本書最重要的目的。

※未特別載明的數據資料，皆為二〇二二年三月的資訊。

只要每天
累積一點點
的努力，
就可以
改變歷史啊！

盲點星

今天我打算整天待在家裡。
為什麼？
難得今天天氣這麼好。
因為我看了週刊雜誌的占卜專欄⋯
上面寫著今天運勢不佳，會遇到許多災難⋯
那是迷信啦。
它寫得真的很準呢!!
我認為那只是迷信⋯

Q 只有眼睛發達的人類才有「盲點」。這是真的嗎？

哆啦A夢～

搞什麼!?竟然不在家。

每次有事想找他商量，他就不在。真是拿他沒辦法。

大雄別偷懶，趕快寫作業!!

原來你在啊？
在哪、在哪？

哇啊！

什麼!?你剛剛一直都在那裡？
原來「盲點星」的時效已經結束了。

那是可以變成透明人的道具嗎？
它沒辦法讓你變透明啦，只是保持原狀而已。

A 假的。不只是人類、猿猴等哺乳類動物有「盲點」，鳥類、昆蟲類、兩棲類、魚類等物種也有「盲點」。

因為你進入了盲點的範圍，所以才看不到我。

盲點？
那是什麼？

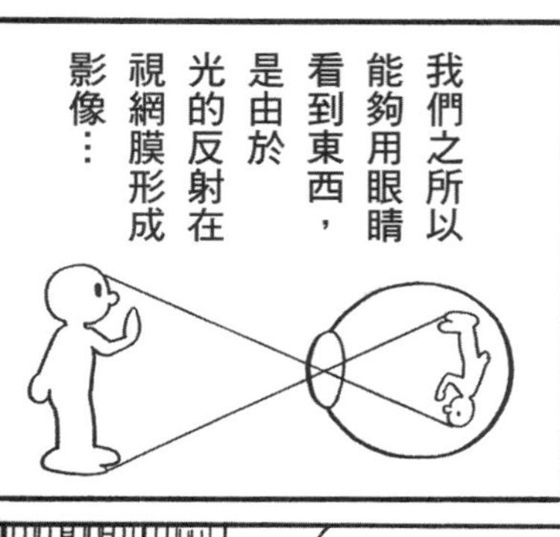
我們之所以能夠用眼睛看到東西，是由於光的反射在視網膜形成影像…

再由視神經擷取影像，可是在視網膜的某一個角落並無法映出影像，那個地方就叫做盲點。
？
？
？

我來做個實驗，這樣你比較容易瞭解。

你畫的是什麼啊？
你先閉上右眼，
用左眼看著右邊的星星…

然後試著將紙片拉遠又拉近看看。
左邊的星星在某個地方應該會消失不見才對。

真的看不見左邊的星星耶！

那裡就是所謂的盲點。

Q 人類眼睛裡的水晶體有些部分無法透光，才會產生「盲點」。這是真的嗎？

「盲點星」。
戴上這個的人，

只會存在盲點範圍裡，
時效為一小時。
好棒喔!!

有了，我可以用這個…

不行！
不可以拿來做那種事!!

什麼事啊…
你在動什麼歪腦筋，我很清楚！

別胡說八道!!

我、我可是打算隱身，保護靜香免於災難……

A
假的。「盲點」也會透光，只是盲點沒有可以感應光線的細胞，才會看不見。

喂？是靜香嗎？

今天妳可以出門去玩，不用擔心了！

因為有個看不見的神明會守護著妳！

是真的！請妳相信我！

請你切記，千萬不可以拿來惡作劇。

既然大雄都這麼說了…

她在這裡。

好像有人在說話。

？

？

不管出現任何災難，

我都會盡力保護妳的。

是那隻老是咬我的狗！

太好了，連狗都看不見我耶。

嘿嘿～

ワグワグ
呀啊！

※汪汪

你給我住手!!

ガオ!!
ワウ
バウ

※吼 ※阿嗚 ※汪汪

當守護神還真不容易。

光與聲音魔法帽Q&A

Q 藍色與紅色之中，哪個顏色在暗處也能看得到？

①紅色 ②藍色 ③兩者

A

②藍色。標示前進方向的道路標誌之所以採用藍底白字的設計，正是因為藍色在黑夜中也能看得到。

※旋轉
※甩
有了這個就什麼都不怕了。
※喀鏘
痛死我了！
不是我丟的啦!!
也、也不是我喔！它是從後面飛過來的！
到底是誰？
怎麼怪事連連？
走快點好了。
不知道靜香打算到哪裡去？
是出木杉家!!

不行!!
呀啊！

啊，對不起！

※咚

果然……
今天運氣很差，倒楣事不斷。

回家去吧！

就算在家裡也可能遇到災難。
我得保護靜香才行。

※小心翼翼

全身弄得好髒。

ソロリ
我不會偷看的啦！

Q 人類眼睛處理資訊的速度很快，眼睛一看到事物就會將所有資訊傳送至大腦。這是真的嗎？

門怎麼自動關上了…
是風吹的吧？

盲點星的時效差不多快結束了…
不知道大雄有沒有好好當守護神？

哎呀！
我忘記準備換洗的衣服了。

這全都是誤會啊。

A 假的。眼睛只會將在視網膜上產生變化的資訊傳送至大腦，再由大腦結合所有接收到的資訊，建構完整情境。

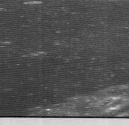

人爲什麼能分辨明亮度與顏色？

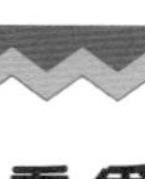

爲什麼明明有光看起來卻漆黑一片？

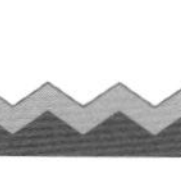

大家是否做了第九頁的實驗？我們的眼睛無法看見進入盲點的東西；反過來說，只要不進入盲點，我們就能看見所有事物。讓我們先來釐清，人為什麼看得見東西？

當我們身處在晚上不開燈的漆黑房間裡，很難分辨清楚物體的形狀與顏色。由此可見，「光」是我們看見東西的重要關鍵。話說回來，為什麼光能讓人看見東西？

出處／NASA

請大家看上方照片，這是阿波羅十一號太空人站在月球表面所拍攝的地球照片，明亮部分受到太陽光照射，是目前處於白天的地區；陰暗的部分則是沒有受到太陽照射，屬於夜晚的地區。看到這張照片，你是不是也覺得不可思議？

在天氣晴朗時只要抬頭看，就會看到一望無際的明亮天空。天空與外太空相連，所以外太空同樣也受到太陽照射。可是從這張照片看來，太陽光明明照著地球，地球四周卻一片漆黑。太陽往地球照射的光線行進在外太空中，卻沒有布滿在地球四周。這是否代表人類看不見光線？如果真是如此，為什麼我們看得見地球以及太空人所處的月球表面？

光明明在外太空中傳遞，
我們卻看不見。

▲打開手電筒就能看到一條明顯光帶，可以看見光往前進的樣子。由於手電筒發出的光照射到空氣中的塵埃，我們才能看見光線，若完全沒有可反射光線的物體，我們便無法看見任何事物。

當光傳遞至眼睛深處的感受器人才能感受亮度並辨別顏色

先來解答剛剛的問題。我們之所以看得見右邊照片中的地球，以及太空人所處的月球表面，是因為地球與月球表面反射了太陽光，剛好這個光線被太空人的眼睛（相機）所接收到。反觀外太空幾乎沒有任何可以反射光線的物體，幾近真空狀態，因此肉眼看不見光的行進方向。

另一方面，地球四周充滿大氣，大氣中的氣體粒子會散射光線。氣體粒子散射的光線會傳遞至人的眼睛，因此晴朗時的天空十分明亮。

所有人的眼睛深處都有視網膜，由兩種可以感應光線的細胞組成。其中之一是視錐細胞，這是感應顏色的感受器。進一步可再細分成感受紅色、綠色與藍色的感受細胞。另一種則是視桿細胞，這是感應光線明暗的感受器。當光照射到這兩種感受細胞，我們就能看見東西。

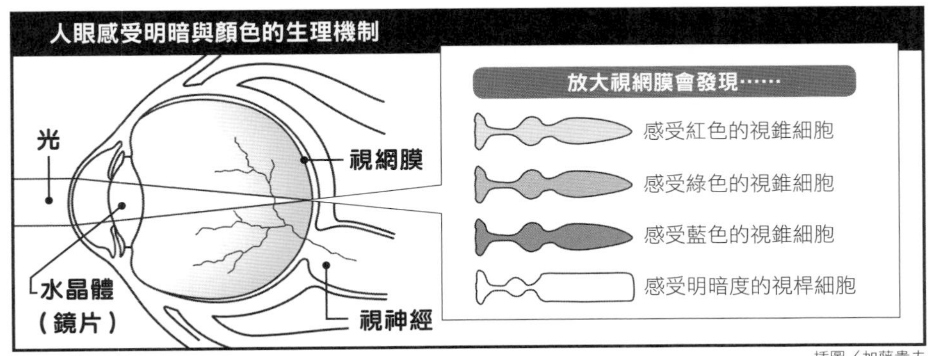
人眼感受明暗與顏色的生理機制
光
水晶體
（鏡片）
視網膜
視神經
放大視網膜會發現……
感受紅色的視錐細胞
感受綠色的視錐細胞
感受藍色的視錐細胞
感受明暗度的視桿細胞

插圖／加藤貴夫

只需三種顏色就能調出所有色調？

從遠處看是全彩畫面
靠近一看卻只有三種顏色！

電視機只靠紅、綠、藍三色創造出一千六百七十萬種顏色！

接下來將解說位於視網膜的視錐細胞，進一步揭開顏色的祕密。

近年來推出的電視機無不標榜色彩鮮豔度與自然度，最高規格的機種甚至可以呈現出一千六百七十萬種顏色，而且技術上還可表現出十億種顏色。不過如果貼近電視螢幕，大家一定會發現一個不可思議的現象。放大螢幕後，螢幕上只排列著

特別專欄

彩虹真的有 7 種顏色嗎？

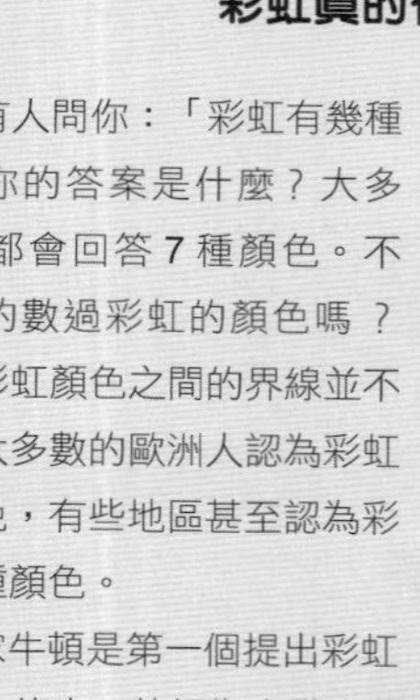

如果有人問你：「彩虹有幾種顏色？」你的答案是什麼？大多數人應該都會回答 7 種顏色。不過，你真的數過彩虹的顏色嗎？事實上，彩虹顏色之間的界線並不明確，絕大多數的歐洲人認為彩虹有六種顏色，有些地區甚至認為彩虹只有三種顏色。

科學家牛頓是第一個提出彩虹有 7 種顏色的人，他認為音階有 7 個（Do、Re、Mi、Fa、So、La、Si），所以彩虹顏色應該也有 7 種。看來他並不是因為親自數過，才認為彩虹有 7 種顏色。

7 色
6 色

紅、綠、藍三種粒子。無論液晶電視、電漿電視或映像管電視機，結果都一樣。

出現在電視螢幕裡的場景包羅萬象，包括在攝影棚搭建的布景、世界各地的風景，有時還會播映透過望遠鏡拍攝的外太空景色。如果電視螢幕是利用紅、綠、藍三色表現各地風景，那是否代表這個世界上的所有景色都是由這三種顏色建構而成的？

人眼只能看見三種顏色 以此可調和出所有色調

沒人知道這個世界或宇宙有多少顏色。不過，由於人類視網膜可以反應顏色的感受器只能分出紅、綠、藍三種顏色，因此對大多數人而言，以紅、綠、藍調和出的色調就是所有顏色。

光傳遞至視網膜的感受器，是我們人類看得見東西的原因。感受器包括分辨紅、綠、藍三色以及光線明暗等兩種感受細胞，其感受到的光轉化成訊號，傳送至大腦。大腦會重整傳送過來的訊號，辨別出訊號裡的物品顏色與外形。因此，即使訊號裡有人眼感受器無法反應的色光，也無法成為訊號傳送到大腦，大腦自然無法重現該色調。

根據研究，二十名日本男性中，有一人只有兩種顏色感受器；相較之下，二十名美國女性裡，有一人天生具備四種顏色感受器。而且對於擁有三種顏色感受器的人來說，絕對無法理解這些人眼中的彩色世界。下一頁將進一步解析眼睛與大腦的祕密。

特別專欄

明亮度與顏色是由大腦判斷

大腦並不會直接重現眼睛接收到的訊息，而是因應周遭顏色與明亮度，經過調整之後呈現出來。

在下方兩個圖片中，大多數人都認為右方圖片裡正中間的四方形比左邊亮。事實上，這兩者是同一個顏色。由於大腦因應周遭顏色加以調整，才會產生這樣的錯覺。刊頭彩頁也有錯視範例，不妨挑戰看看。

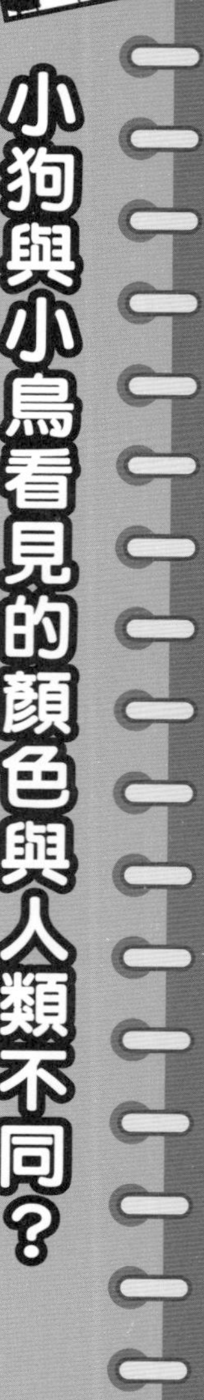

小狗與小鳥看見的顏色與人類不同？

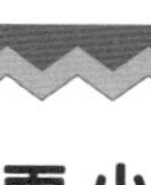

太好了，連狗都看不見我耶。

小狗與小鳥各有兩種與四種顏色感受器

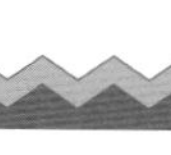

就像前頁所說，有些人有兩種顏色感受器，有些人天生有四種。每種生物天生具備的顏色感受器數量各異，一般來說，幾乎所有哺乳類都只有兩種顏色感受器，小鳥則有四種。

根據研究結果，哺乳類擁有的顏色感受器較少的原因，在於其誕生時還是恐龍稱霸的年代，哺乳類為了避開恐龍，平時都在夜晚行動的緣故。比起顏色，夜晚在暗處行動比較需要的，是只需微弱光線即可辨認物體的能力，因此顏色感受器便在這樣的背景之下逐漸退化。

相對於此，鳥類是從白天活動的恐龍進化而成，不只顏色感受器數量較多，就連感應到的光線範圍也比人眼寬廣許多。鳥類專家曾說，由於鳥類的感受器性能比人類優越，因此牠們可以看到極度鮮豔的彩色世界。

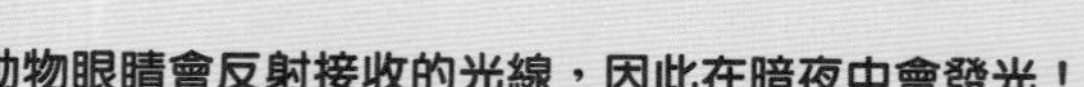

特別專欄

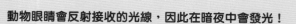

動物眼睛會反射接收的光線，因此在暗夜中會發光！

大家都知道貓咪的眼睛在黑夜中會發光，你知道為什麼嗎？其實不只是貓咪、老虎、獅子的眼睛會發光，馬與牛的眼睛在陰暗處也會發光。

哺乳類的祖先是夜行性動物，顏色感受器的功能退化，取而代之發展出卓越的夜視能力。眼睛會發光的動物是因為視網膜後方有一層光線反射層，將光線反射到視網膜上，因此在微弱光線下還是能清楚辨認周遭環境。反射到視網膜的光線便是眼睛會發光的祕密。

視網膜

紅外線與紫外線都是人眼看不見的光

太陽照射到地球的光線中，不只包含帶有各種顏色的光，還有人眼看不見的紅外線與紫外線。正因為太陽光含有紅外線與紫外線，當人沐浴在陽光下才會感到溫暖或晒黑。

話說回來，天生具備四種感受器的鳥類，擁有人類沒有的第四種感受器，可以看見紫外線。如果人類也跟小鳥一樣可以看見紫外線，不曉得我們會看見什麼樣的世界？無論如何，這都是人類無法得知的世界。

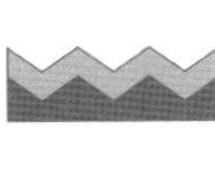

有些人擁有兩種顏色感受器，有些人擁有四種，對於擁有三種顏色感受器的人而言，無法了解那些人會看到什麼樣的顏色。這一點在前方頁面已經解釋過。由於人類具有說話能力，會想對別人解釋自己看到的顏色。事實上，我們無法與別人換眼或換腦，所以別人不可能感受到我們真正看到的顏色。至於鳥類眼中的世界……就完全超乎人類想像了！

特別專欄

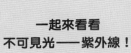

一起來看看不可見光——紫外線！

其實只要花一點巧思，我們也能看到人眼看不見的紅外線與紫外線。

大家試著按一下電視或冷氣遙控器，按的時候看著遙控器前端。如果用肉眼看不出來，不妨透過相機鏡頭看，相信你一定會看到紅色的光閃爍著，那就是紅外線的光。數位相機可以捕捉到紅外線，並顯現在相機螢幕上，讓它成為人類肉眼看得見的光。

另一方面，紫外線燈會發出紫外線，雖然肉眼看不見，但只要照射在螢光物質上，就會在暗處發光。

○用肉眼看的情形……

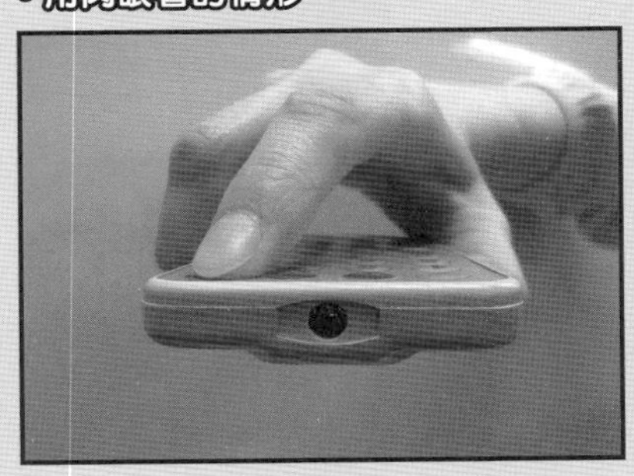

○透過數位相機看……

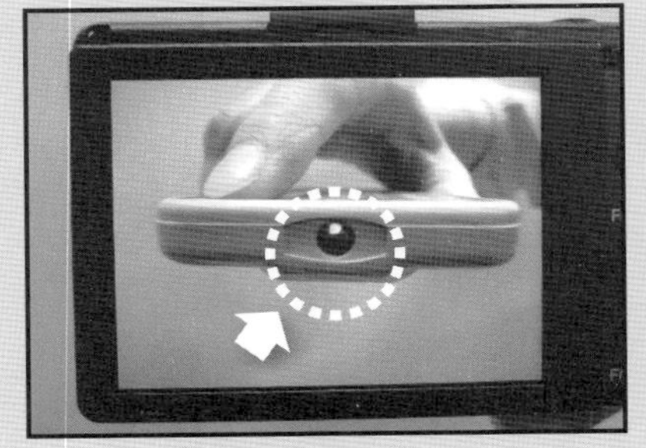

抓影子
大雄～來把庭院的草拔一拔吧！

Q 日食屬於大型影子。這是真的嗎？

A 假的。日食是因為月亮進入太陽與地球之間，太陽光被月亮遮住所形成，並非月亮的影子，人類可從地球清楚看見月亮。

現在太熱了。
等天氣涼一點我再拔啦。
要等到什麼時候啊？
十一月左右。

光與聲音魔法帽Q&A

Q 人類無法從地球上看見地球的影子。這是真的嗎？

生氣了。
那還用說。

拿除草機出來吧。
我沒有那種東西。

這種天氣到外面去，會中暑啊。

爸爸大概不疼他自己的孩子吧？

我知道了！
因為我不是他親生的。

啊～我的親生父母在哪裡啊？
說什麼傻話。

真沒辦法，拿出那個吧。

不過只有三十分鐘。
只是拔草而已，三十分鐘就很夠了。

站在日光充足的地方。
這裡嗎？

A 假的。當地球進入月亮與太陽之間，地球的影子落在月亮上便形成月食。如此就能從地球上看見地球的影子了。

不要動。

？
剪
剪

※延展
ムクムク

影、影子竟然會動。
三十分鐘之內，把院子的草拔好。

※拚命拔
セッセ セッセ

可以安心睡午覺了。
只有三十分鐘喔。

三十分鐘後，如果不用這個黏膠黏回去的話，就糟糕了。
知道了啦！

喔，拔草拔到都晒黑了。
很好、很好。

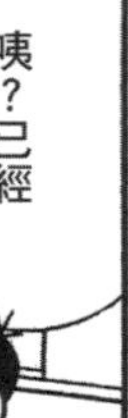
光與聲音魔法帽Q&A

Q 地球的影子落在月亮上就是月亮盈缺的原因。這是真的嗎？

咦？已經拔好了嗎？才過十分鐘而已。

我口渴了，去幫我拿可樂。

搧風。
自己使喚自己，就不需要客氣了。

去接電話。

喂～大雄嗎？
不是嗎？
麻煩叫大雄來聽。

好歹說句話吧!?
你不會說話嗎？

啊…跟你借的那本書啊。
抱歉，借了這麼久。
我馬上叫人拿去還你。

A 假的。造成月亮盈缺的原因與月食不同。太陽照射到的部位會發亮，沒照到的會變暗，因此形成月亮盈缺的變化週期。

辛苦你了。

啊，就快三十分鐘了啊？

算了，差五分、十分沒關係吧。

你叫他去跑腿!?
竟然做這種事!?
就在附近，很快就會回來了。

還沒回來啊？
ソワソワ
※坐立不安

糟了…搞不好已經太遲了……
別說得那麼誇張嘛。

時間一久，那傢伙就會開始有智慧，雖然還是影子，可是會變得不聽話啊。

到最後，那傢伙會變成真人，而你會變成影子啊。
什麼？

趁現在趕快把他黏回去……

大雄、哆啦A夢。
來吃點心吧。

※逃走

咦？已經回去了？

一定是跑去躲起來，故意拖時間。

如果過了兩個小時，影子就會自動和真人互換。
我不要啊！

光與聲音魔法帽Q&A

Q 在藍光上重疊綠光，會形成什麼顏色的光？①暗黃色 ②亮藍色

太過分了！竟然趁我不在的時候吃西瓜。
這時候就別管西瓜了。

啊！

轉頭

不、不是我！我沒有吃啊。

胡說，剛才我明明看到你的身影⋯
身影!?

果然是在家裡。
等會再解釋。

啊！

※發抖

怎麼了？發生什麼事？

是你啦!!慢慢變黑了。

已經開始變成影子了！

A

②亮藍色。此顏色稱為青色，是色彩三原色之一。特別注意，由光的三原色調和的顏色與混合顏料調出的顏色是不同的。

到底跑
哪去了？

奸笑

快回到大雄身上去。
才不要呢。
哇～
他會說話了。

抓住他！
※鑽

スゥ
※鑽

スッ

※咚

我有
抓影子用的
「抓影餅」。

光與聲音魔法帽Q&A

Q 醫生動手術時，會將白色外袍換成淺綠色手術衣。這是真的嗎？

A 真的。由於手術時會長時間注視紅色血液，此時若看白色衣物會產生綠色錯覺，為了避免錯覺，因此改穿綠色手術衣。

我去找這邊。
我找這邊。
※潑
呸呸、是泥巴水。
咦？是真人？
可惡！
這個才是影子嗎？
※啪
呵呵呵。

大雄！
我等一下會乖乖讓妳罵的。

ジャア

※唰

比剛剛更像影子了。
我不要啊。

很快就會換過來了。

躲到天花板上去了。
スゥ

※探頭

什麼也看不到。
讓影子躲到暗處就玩完了。

時間就快到了。
想想辦法啊！

光與聲音魔法帽Q&A

Q 人類的眼睛可以分辨出十億種顏色。這是真的嗎？

A 真的。但是，每個人的狀況不同，基本上人類能分辨且真正運用的顏色只有數百萬色。

※開門

不會再讓你溜掉了。

對了！

請在太陽晒得到的地方罵他吧。

哆啦A夢我恨你。

剪
剪

※搖晃

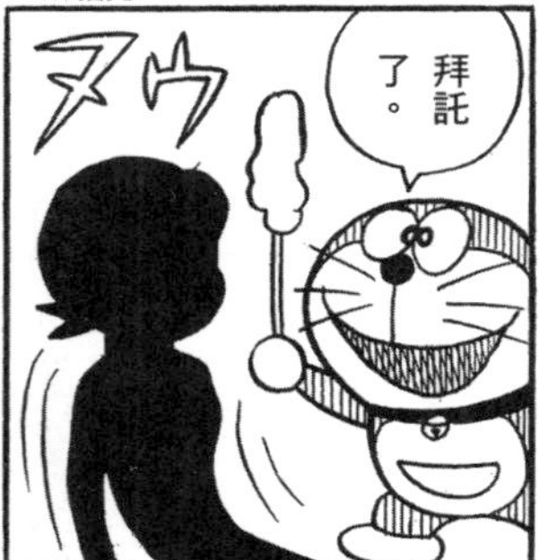
ヌウ
拜託了。

終於抓到了。因為我想如果是大雄的影子，大概會怕媽媽的影子吧。

「黑色」的真面目是……？

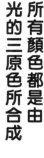

光沒照到時看起來陰暗與光線照射也看起來陰暗的狀況

黑色究竟是什麼顏色？有些黑色在陰暗處顯得更黑，有些黑色則呈現微亮朦朧的模樣。無論如何，只要沒有光線照射，看起來就是黑色的。

說到這裡，我想起一個與黑色有關的經驗。畫畫時如果將各種顏色的顏料混在一起，顏色就會越來越深，到最後變成黑色。

由此可見，黑色分成沒有光線照射時呈現的黑色，以及混合顏色調製出的黑色兩種。首先就來了解「光」與「色」的三原色吧！

所有顏色都是由光的三原色所合成

太陽光蘊藏著各種顏色的光線，但人類眼睛裡的顏色感受器只能感應到紅、綠、藍三種顏色，因此所有顏色都是由這三個顏色感受器調合而成。舉例來說，同時感受到紅光與綠光時就會形成黃色，同時感應紅、綠、藍就變成白色，什麼色光都感應不到時即為黑色。人類的眼睛便是以「光的三原色」為基礎，區分出所有顏色。但是這與混合顏料調製顏色的原理並不相同，請務必多加注意。

請大家想像一下以白色光線照射有色玻璃時，會產生什麼結果？當玻璃

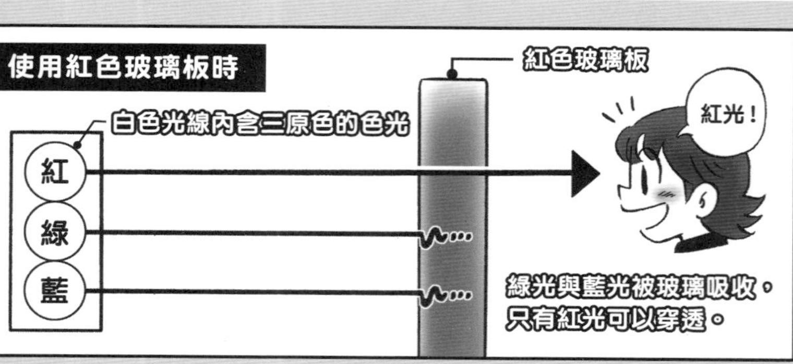
使用紅色玻璃板時
白色光線內含三原色的色光
紅
綠
藍
紅色玻璃板
紅光！
綠光與藍光被玻璃吸收，
只有紅光可以穿透。

偏紅，綠光與藍光會被玻璃吸收，因此透過玻璃照射出來的光線便是紅光。

色彩三原色
物體顏色是由反射色光所決定

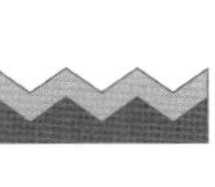

大家是否聽說過，只要有紅、藍、黃三種顏料，就能調製出所有顏色？正確來說，應該是洋紅色、青色與黃色，亦即「色彩三原色」。幾乎所有彩色印刷的書籍都是由這三種顏色加上黑色印製而成（四色印刷）。洋紅色與青色可以調出紫色、洋紅色加黃色則是綠色，這三種顏色可以混合出所有顏色。

色彩三原色與光的三原色最大差異在於，當光的三原色混在一起會接近白色，色彩三原色混在一起則會接近黑色。每種顏料吸收的色光是固定的，沒被顏料吸收且反射出來的顏色，就是該顏料的顏色。換句話說，混合越多顏料，吸收的色光便會越多。沒有色光反射出來時，看起來就是黑色。

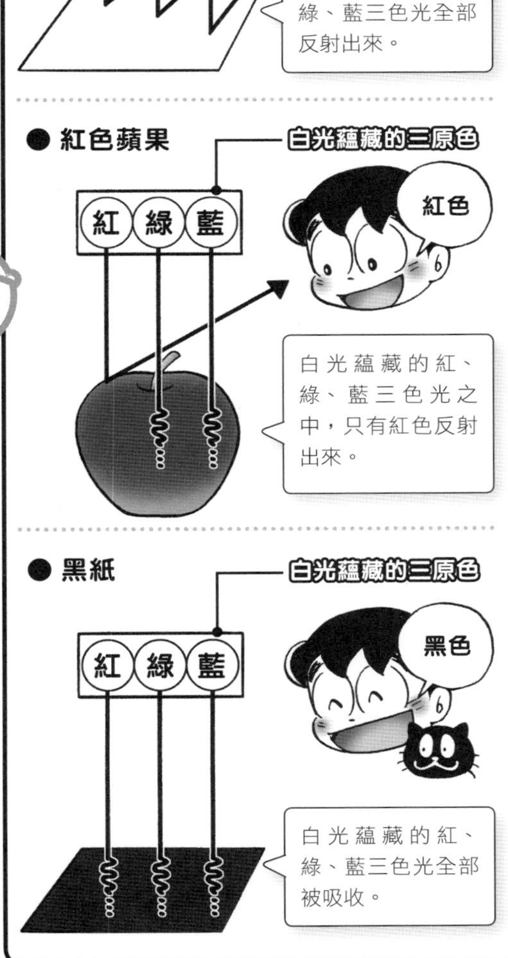
形成各種物體顏色的原理
● 白紙
白光蘊藏的三原色
紅
綠
藍
白色
白光蘊藏的紅、綠、藍三色光全部反射出來。
● 紅色蘋果
白光蘊藏的三原色
紅
綠
藍
紅色
白光蘊藏的紅、綠、藍三色光之中，只有紅色反射出來。
● 黑紙
白光蘊藏的三原色
紅
綠
藍
黑色
白光蘊藏的紅、綠、藍三色光全部被吸收。

葉子是綠色、深海魚是紅色，所有顏色都其來有自！

站在日光充足的地方。

紅光與藍光會進行光合作用 因此葉子是綠色的

相信大家都知道植物會行光合作用，植物的葉子主要吸收紅光與藍光並轉化成能量，再將二氧化碳與水轉變成碳水化合物，這就是光合作用。有一派學說認為，植物的綠色葉子會反射太陽光中最強的綠色光。為了避免植物以外的生物滅絕，每種生物皆使用不同光線。

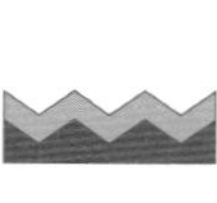

葉子顏色的祕密

紅 綠 藍

二氧化碳 ＋ 水

碳水化合物

葉子為了進行光合作用而吸收紅光與藍光，只反射綠光，因此葉子看起來是綠色的。

水會吸收紅光 紅色魚在深海中具有隱形效果！

棲息在水深兩百到一千公尺處的魚類，大多呈現鮮豔的紅色。大家可能會認為紅色太搶眼，很容易成為獵食者的目標。事實上，水會吸收紅光，紅光無法穿透至深海。紅色魚只會反射紅光，同時吸收其他色光，因此在深海具有隱形效果，獵食者不容易看出紅色魚的蹤跡。

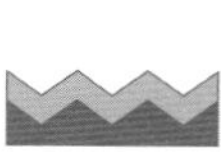

紅色魚的祕密
紅
綠
藍
紅色光被水吸收。
紅色魚
紅色魚會吸收綠光與藍光，在紅光無法穿透的深海中具有隱形效果。

白天是藍色，傍晚變紅色 天空的顏色為什麼會改變？

地球包覆在大氣層裡，雖然肉眼看不見，但空氣中懸浮著氮氣、氧氣、二氧化碳等微粒元素。這些微粒元素正是天空顏色會產生變化的關鍵。

太陽光蘊藏著各種色光，一旦與空氣中的微粒接觸就會散射，其中最容易散射的是藍光，而最難散射的是紅光。

大家不妨想像一下，太陽在正上方的正中午時的天空。太陽光進入大氣後，藍光被散射開來，此時天空看起來就是藍色的。加上其他色光照射至地面的關係，中午的太陽顏色偏白，幾乎包含了所有的色光。

到了傍晚時分，太陽逐漸接近地平線，進入大氣的太陽光在照射到地面之前，需經過很長的距離。此時幾乎所有的色光在到達地面之前，便會被散射開來，能夠順利抵達地面的，只剩下最難被散射的紅光。正因為如此，夕陽才會是紅色的，傍晚時的天空相較於白天也比較偏白。

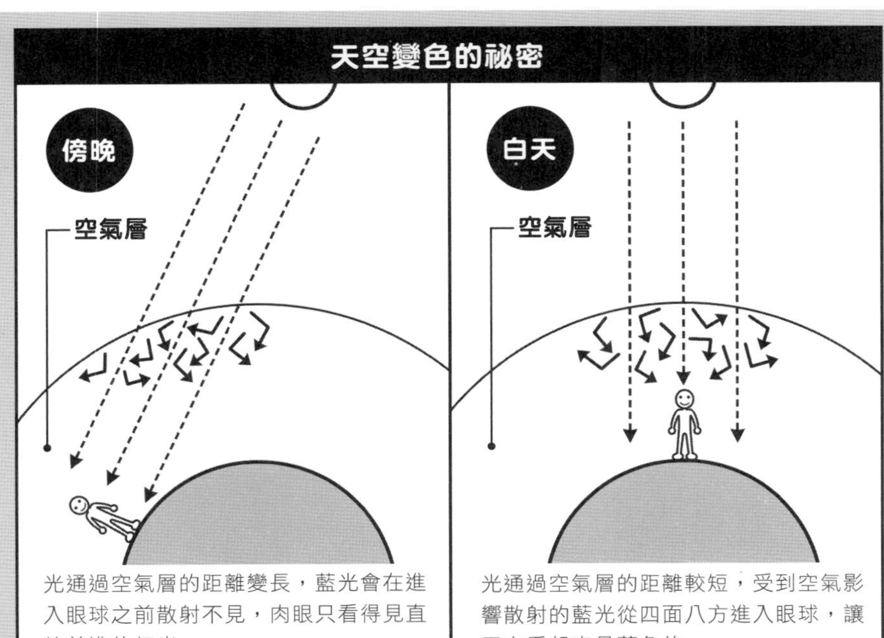
天空變色的祕密
傍晚
空氣層
白天
空氣層
藍光
紅光

光通過空氣層的距離變長，藍光會在進入眼球之前散射不見，肉眼只看得見直線前進的紅光。

光通過空氣層的距離較短，受到空氣影響散射的藍光從四面八方進入眼球，讓天空看起來是藍色的。

插圖／加藤貴夫

隱形棒

靜香，一起玩吧！

很抱歉，我要到出木杉家去唸書。

為什麼她和出木杉那麼要好？

來練習棒球吧！
我現在沒那個心情。

什麼？你敢不聽我的話!?
打得那麼爛還敢囂張！

進門後一定會被媽媽罵的……

ガミ
ガミ
ガミ
※碎碎唸

我今天很累，下次再罵吧！

討厭!!
沒有一件事是順利的!!

哆啦A夢……
你知道我在想什麼嗎？

離家出走？
你怎麼知道!?
這有什麼好奇怪的，
每年你都有兩、三次想離家出走的念頭。
要離家出走嗎？
這個嘛……
快下雨了，而且還沒吃點心，
想看的節目也快要播了……
有沒有不用離開家裡，就能離家出走的道具？
真是受不了你……
好啦，給你就是了!!
「隱形棒」。
用這棒子要怎麼離家出走？
這個道具可以扭曲光線……

A 真的。雖然是肉眼看不見的光線，但人體會散發紅外線等光線，使用熱影像儀等儀器即可清楚看到。

光與聲音魔法帽Q&A

Q 白熾燈與發出白光的螢光燈顏色相同，因此內含的色光也相同。這是真的嗎？

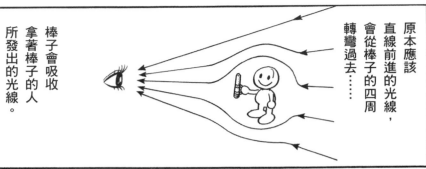

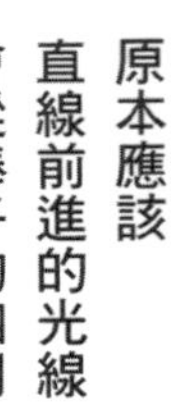
原本應該
直線前進的光線，
會從棒子的四周
轉彎過去……

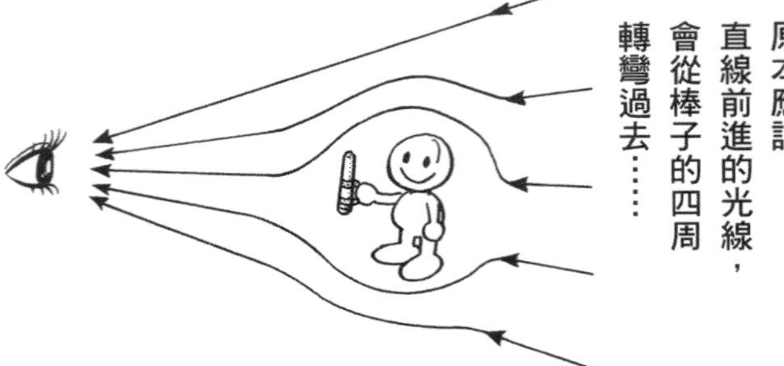

棒子會吸收拿著棒子的人所發出的光線。

我用給
你看吧。
只要
按下
開關……
ｶﾁ

※喀嘰

啊，
消失了!!

只要
別人看不見，
就像真的
離家出走。
借我、
借我!!

消失了
嗎？
完全
消失了。
ｶﾁ

※喀嘰

這個
真有趣。

A
假的。白熾燈與太陽光一樣內含各種色光，但螢光燈是結合幾種色光形成白光。

ボリボリ
パリパリ
※乒乒砰砰
ポイッ
※咚
不，這不是我……
來看電視吧！
カチ
※打開
咦……電視自己打開了。
パチ
※關掉
カチ
※打開
カチパチ
※開開關關

Q 螢光燈每秒閃爍好幾次。這是真的嗎？

※氣喘吁吁
是故障了嗎？
ゼ゛ゼ゛

你竟然用來惡作劇!?

還我!!
不要!!

※敲
ゴチ

痛快。
真好玩。

啊，是老師…
沒關係，他看不到我。

哇啊！

發、發生什麼事了!?

A

真的。傳統螢光燈每秒閃爍一百到一百二十次，使用變頻器的螢光燈每秒閃爍幾萬次。

來了、來了！
ポト
※咚
連這種球都接不到!!
因為……
你練習得還不夠！
ステン
※絆倒

那麼，我要去玩了。
？
？
？

書唸完了嗎？
唸完了。

不在…

午安。
我要進去了。

在這裡等一下吧！

光與聲音魔法帽Q&A

Q LED是目前最受注目的發光產品。事實上，單靠一顆LED燈無法發出白光。這是真的嗎？

A 真的。必須結合藍色LED燈與發出黃光的螢光物質，才能形成人眼感受到的白光。

下次再來好了。
!?
你們有看到一根奇怪的棒子嗎？
那剛才是大雄那傢伙囉!?
一定要好好教訓他。
其實那根棒子的電池差不多快用完了。
來了！
大家先假裝看不到…

太陽光如何生成？

在組成物質的原子中加上能量即可發光

「隱形棒」可以扭曲光前進的方向，在研究光前進方向之前，不妨先了解光是如何生成的。大家有聽過原子嗎？舉凡每個人的身體、我們身邊所有物體，甚至是天空中閃耀的太陽與星星，都是由原子組成的，而且光與原子之間有著密不可分的關係。

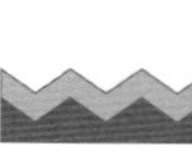
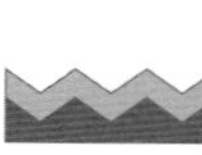

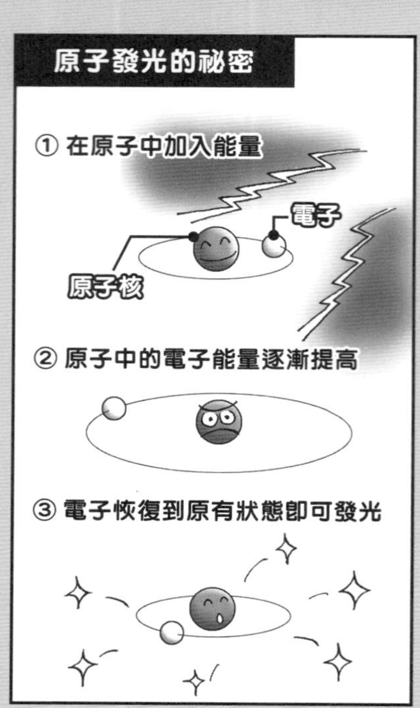
原子發光的祕密
① 在原子中加入能量
電子
原子核
② 原子中的電子能量逐漸提高
③ 電子恢復到原有狀態即可發光

核融合的能量是太陽發光的關鍵

原子構造如上圖所示，原子核的四周圍繞著電子。在原子中加入能量，電子就會吸收能量，軌道半徑變大，陷入不穩定狀態。當電子回到原本中心附近的軌道，便會開始發光。

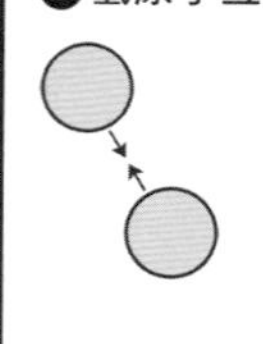

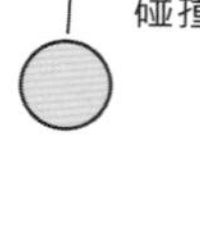

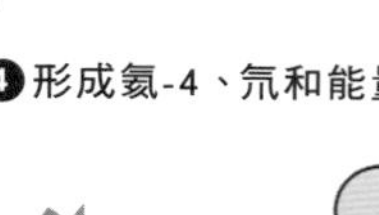

太陽中心引發的核融合
❶ 氫原子互相碰撞
❷ 形成氫-2（氘）和能量
氫原子碰撞氘
❸ 形成氦-3和能量
❹ 形成氦-4、氘和能量
氦-3
互相碰撞

※ 氦有兩種，分成較輕的氦-3與較重的氦-4。

插圖／加藤貴夫

太陽是大家最熟悉的發光體，大家知道太陽為什麼會發光嗎？接下來一起解開這個謎團吧！

太陽中心透過核融合反應產生極大能量。當原子中的原子核強烈碰撞，誕生出其他原子的原子核便會產生能量，這就是核融合反應。

太陽是由氫和氦組成。太陽中心溫度高達一千五百萬度，不只溫度高，壓力也很高，氫原子與氦原子分裂成原子核與電子，懸浮在太陽中心。此時暴露在外的原子核開始劇烈碰撞，引發核融合反應。詳情請參照第四十八頁下方圖說，瞭解氫形成氦的過程，以及產生能量的結果。

從引發核融合到太陽表面發光需歷時數百萬年以上

話說回來，核融合並不會直接讓太陽發光。太陽中心引發核融合產生的能量，會被附近的原子吸收並釋放出來。此能量的轉移過程不一定都是從太陽中心往外，有時會往旁邊，有時又回到中心。由於能量是在巨大的太陽裡來來去去，因此，必須歷經數百萬年到一千萬年左右，能量才會抵達太陽表面，使太陽發光。

說到一千萬年前，當時還沒有人類這個物種，科學家認為誕生於四百萬年前的南方古猿，是地球上最早出現的人屬物種。如今每天照射在地表上的太陽光，其能量起源比南方古猿還久遠。想到這一點就令人覺得不可思議。最後再告訴大家一個小常識，從太陽表面發出的光，約需八分二十秒才能抵達地球。

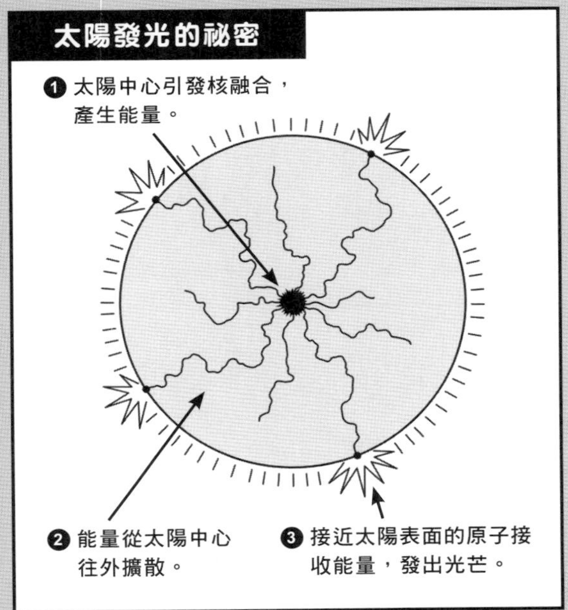
太陽發光的祕密
❶ 太陽中心引發核融合，產生能量。
❷ 能量從太陽中心往外擴散。
❸ 接近太陽表面的原子接收能量，發出光芒。

插圖／加藤貴夫

真好玩。

白熾燈與螢光燈的發光原理都一樣？

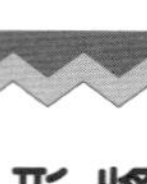

將熱轉化成光的白熾燈
形成光的能量只占電力的百分之幾

從太陽發光這件事不難理解，高溫物體都會發光。白熾燈便是運用這個原理的最佳範例。燈泡裡的燈絲只要通電就會釋放出熱與光，這個光與太陽光一樣都是白色光，含有彩虹般各種色光。可惜電力必須同時轉化成熱與光，所以照明效率不佳。

將不可見光
轉化成可見光的螢光燈

從電極釋放出電子，碰撞密閉空間內的氣體微粒，產生亮光。這就是螢光燈的發光原理。一般來說，電子會碰撞水銀氣體，但在這種情形下碰撞出來的光是人類看不見的紫外線。因此必須在螢光燈管的管壁內側塗上螢光物質，將紫外線轉化成人類看得見的光。

塗在管壁上的螢光物質不同，就會發出各種顏色的光。

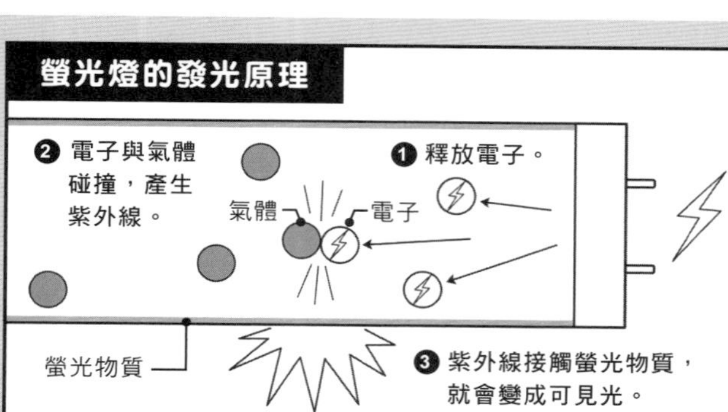
螢光燈的發光原理
❶ 釋放電子。
❷ 電子與氣體碰撞，產生紫外線。
氣體
電子
❸ 紫外線接觸螢光物質，就會變成可見光。
螢光物質

插圖／加藤貴夫

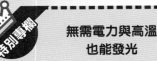

LED燈泡是直接將電力轉換成光的變換裝置

LED燈泡是近年來備受矚目的焦點產品，雖然市面上有些商品看起來就跟普通燈泡一樣，但其發光原理與普通燈泡截然不同。

LED其實是一種半導體，可以直接將電力轉換成光。無需經過將電力轉成熱或釋放電子發光的過程，因此可以減少能量耗損，延長燈泡的壽命。

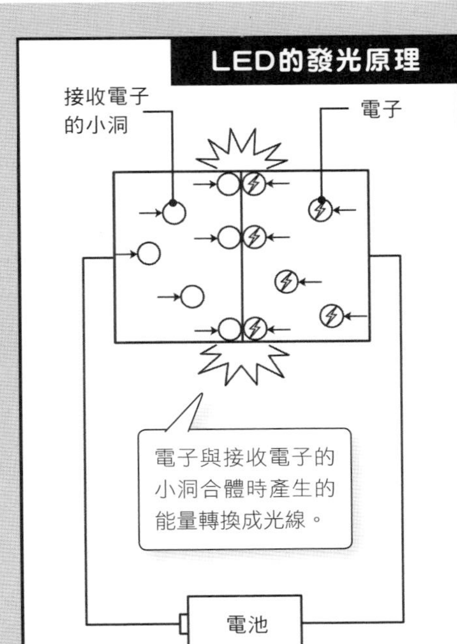
LED的發光原理
接收電子的小洞
電子
電子與接收電子的小洞合體時產生的能量轉換成光線。
電池

插圖／加藤貴夫

特別專欄

無需電力與高溫也能發光

螢光棒和發光生物

參照前頁說明即可得知，不只熱與電力可以發光，結合不同物質也能達到發光效果。

舉例來說，釣魚和演唱會上常用的螢光棒，便是混合管內兩種化學物質發光。這種發光方式稱為化學發光，螢火蟲也是利用化學反應發光。

話說回來，發光生物還有許多尚待釐清的謎團，其發光原理也需要進一步解析。

持續發出淡淡光芒的磷光

有些電燈在關掉之後還會發出淡淡光芒，這就是所謂的「磷光」。獲得能量的原子需要時間慢慢的恢復原狀，因此關掉的電燈還會持續發出微亮的光線。

光纖藤蔓

咦？靜香不在啊？
不好意思，還讓你特地跑來一趟。
白跑一趟了……趁媽媽不注意才偷溜出來的……
到後山去睡午覺好了。
地面黏黏的……
都是因為前陣子雨下個不停。
書店
本來打算看免費漫畫，竟然沒開……
沒辦法，我看只好到空地找胖虎他們一起玩。

氣死我了!!
你們這幾個笨蛋!!
我好像來錯地方了。

※拳打腳踢

別想逃!!

ポカポカ

早知道就不去了啦。

真是倒楣透頂。
還浪費我寶貴的時間!
寶貴的時間啊……

哆啦A夢，你那裡有沒有出門前就能先查看目的地狀況的道具啊?
目的地是哪裡啊?

這個當然是根據當時的情況而定啊……

光與聲音魔法帽Q&A

Q 沿著光纖前進的光會配合光纖自由轉彎，因此不會撞到牆壁。這是真的嗎?

「光纖藤蔓」。
它總共有十二個頻道，
先來試試第一頻道好了…
1
把它貼在這裡。
你看，其中一根藤蔓開始往上延伸，
穿過天花板，沿著牆壁內部移動…
最後鏡頭出現在那裡。
ピョコ
1
打開電源！
啊！
※出現

A 假的。光在光纖內是以不斷反射的方式由一端傳遞到另一端，當光纖轉彎時，光纖內的光會因全反射而沿著轉彎方向前進。

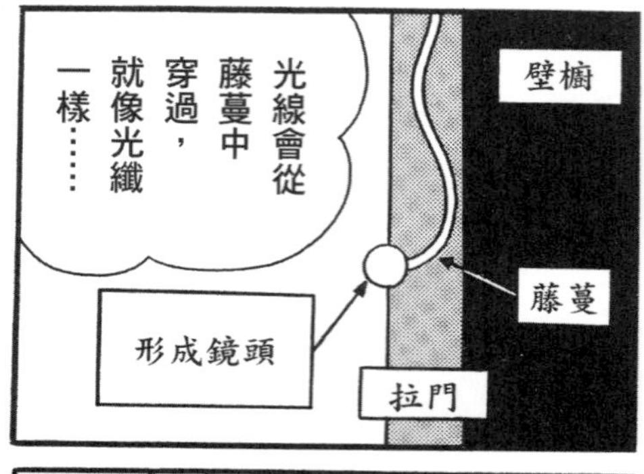
壁櫥
光線會從藤蔓中穿過，就像光纖一樣……
藤蔓
形成鏡頭
拉門

剩下的藤蔓也可以依照頻道貼紙所指示的地方延伸喔。

像是空地、後山或是朋友家……
你可以把它貼在你常去的地方。
我出去貼囉。

雖然這樣對別人有點可憐……
唉，管他的。

把第二頻道貼在這裡。

可是……藤蔓真的會延伸到這裡來嗎……

啊，第二根藤蔓開始延伸了。

※光纖：一種極細的玻璃纖維，屬於光傳導工具。將電子訊號轉換成強弱光線傳送時，利用光纖作為傳輸管道。

耶！鏡頭果然出現了。
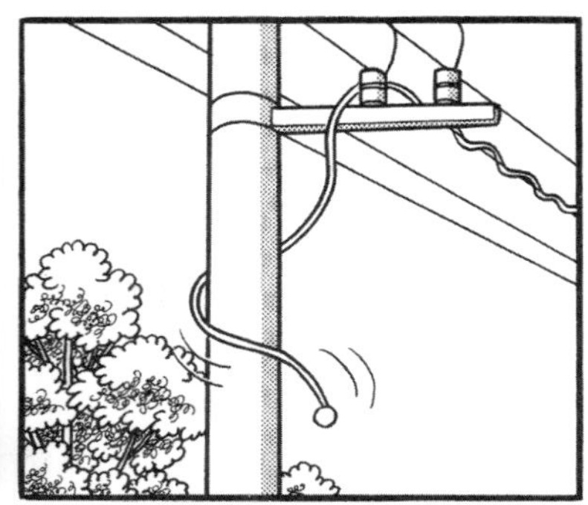

趕快把剩下的都貼好……

哆啦A夢，你在看我嗎？

呸

第四頻道貼在這裡……

靜香還沒回來喔。
就讓我在這邊等一下好了。

其實我來找你也沒什麼特別的事啦……
真是奇怪的傢伙。好吧，進來吧！

不好意思打擾您了。

光與聲音魔法帽Q&A
Q

光纖不只用於通訊，在醫院接受檢查時也用得到。這是真的嗎？

藤蔓一根根都延伸出去了。
照這樣看來，想必大雄一定很努力的到處奔波。

再見。
你到底是來做什麼的啊!?

雖然很辛苦，不過總算全部貼完了。

你到底跑到哪裡去了!?

我不是要你幫我做家事嗎？
我知道…可是我還有作業要寫…

趕快去給我寫完，然後馬上下來!!

快打開作業頻道!!
咦？

A 真的。胃鏡或檢查身體內部的內視鏡皆使用光纖製成。

就是第五頻道啦。
啊！遲了一步!!
這是哪裡啊？
出木杉的書桌啊。
他剛剛一直都在寫作業。
不過看來已經寫完了。
這道具也可以將時間倒退回去喔。
因為它有儲存外來情報的球根。
簡直跟錄影帶一模一樣。
太好了!!
可以將筆記本的字放大到可以看得見的大小嗎？
當然可以。
……？

光與聲音魔法帽Q&A

Q 使用光纖可達到每秒三十萬公里的傳輸速度，這是真的嗎？

奇怪……你今天怎麼不唸我啊？
唸你？

你不是每次都會說不可以依賴這種道具之類的話嗎？
啊哈哈哈。我才沒那麼不通情理呢。別介意！

哆啦A夢總算變得比較通情達理了。

寫完了!!可以出去玩了。

靜香回到家了嗎？

她已經到家了！

ソロリ
ソロリ
※小心翼翼

只要溜出來就隨我高興做什麼。

又給我偷跑出去了。
真拿他沒辦法!!
哆啦A夢！
我之前拜託你做的道具還沒做好嗎？
就是可以一眼看出大雄跑到哪裡去的道具啊。
就、就是這個！讓妳久等了…
大雄！
你的電話喔。
你媽媽氣呼呼的要你趕快回家喔。
她怎麼會知道我在這裡啊？

A 假的。在真空狀態下，光速可達每秒三十萬公里。但在光纖中傳輸時速度較慢，秒速只有二十萬公里。

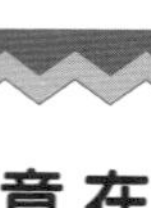

讓看不見的東西看得見！光前進的祕密①

在臉盆裡裝水 竟然能看見盆底圖案！

光真的能在彎彎曲曲的光纖中傳輸嗎？在解開這個謎題之前，不妨研究一下光的前進方式。先來做一個每個人都能在家做的簡單實驗。拿出底部有圖案的臉盆，往後站到剛好看不見圖案的位置，接著在臉盆裡倒水……原本看不見的圖案竟然看得見了！這究竟是怎麼一回事？

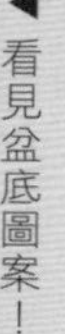

▲空的臉盆

▲倒水之後

▲看見盆底圖案！

光會選擇最省時的道路前進——費馬原理

解開臉盆魔術的關鍵就是，在不同物質交界處「光往前進時會轉彎」的特性。

在相同條件下，基本上光會直線前進。假設在溫度和氣壓相同的空氣中前進，光會一直線的從起點抵達終點。

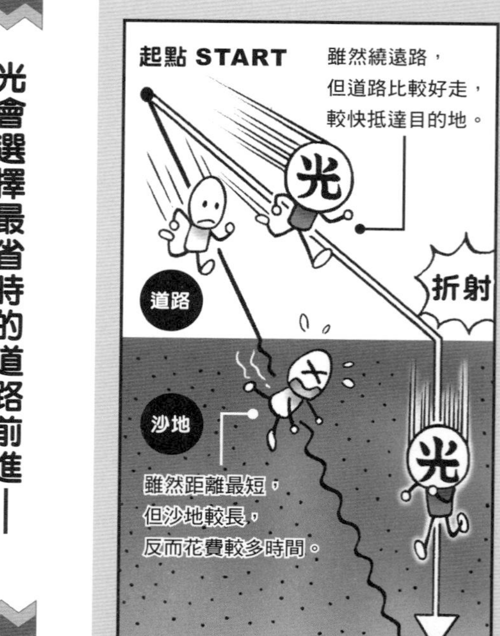

起點 START
雖然繞遠路，
但道路比較好走，
較快抵達目的地。
光
道路
折射
沙地
光
雖然距離最短，
但沙地較長，
反而花費較多時間。
目的地

不過，光前進的速度會受到環境影響。在真空狀態下秒速可達三十萬公里，在空氣中的速度稍微慢一點，不過，若在水裡，秒速就會降到二十三萬公里。即使如此，這個速度還是超乎想像的快。

請參照第六十二頁下方圖說，假設你要在橫跨道路和沙地的跑道上奔跑，請規劃出最快抵達終點的路線。距離最短的是連接起點到終點的直線路線，不過沙地很難跑，會花掉太多時間。選擇較容易跑，但距離較長的道路，就能較快抵達終點。

事實上，光也會以最短時間為基準，選擇從起點抵達終點的路線，這就是「費馬原理」。在開頭介紹的魔術中，光會在空氣與水的交界處轉彎進入水裡，使得原本看不見的盆底圖案清晰可見。

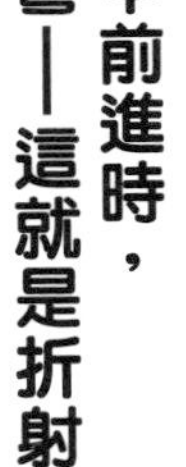

光在兩種物質中前進時，會在交界處轉彎——這就是折射

話說回來，光為什麼會在交界處轉彎呢？舉例來說，以一根棍子連結兩個輪子，使其行走在如下圖般的道路和沙地交界處，相信大家就能理解。

當車輪在交界處斜向轉彎，會讓其中一邊的輪子搶先進入沙地，很難再往前走。此時另一邊的車輪還在持續往前，偏離原本走的路線轉彎。等到兩邊車輪都進入沙地，行走速度就會比在一般道路時慢。

在速度差異很大的交界處所產生的速度變化，會改變轉彎方式。在不同特性的兩種介質交界處改變行進方向，稱為「折射」，改變幅度稱為「折射率」。

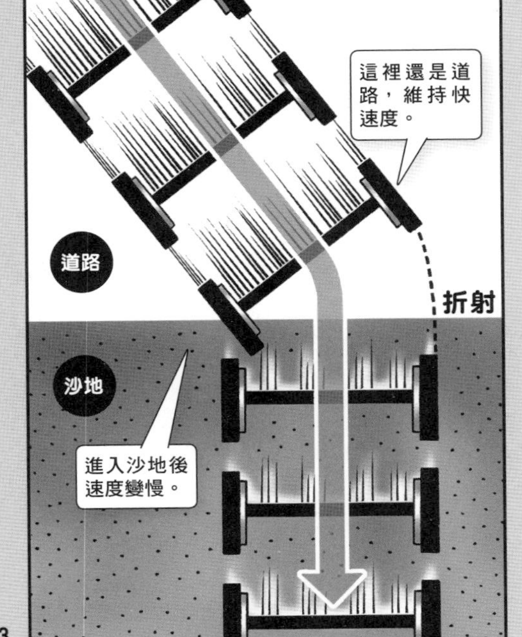
這裡還是道路，維持快速度。
道路
折射
沙地
進入沙地後速度變慢。

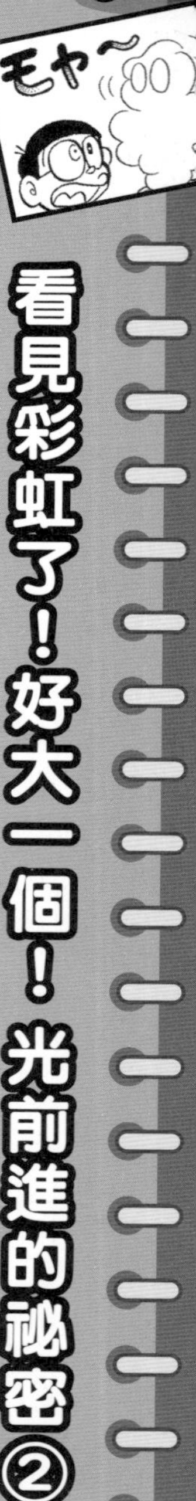
モヤ～

看見彩虹了！好大一個！光前進的祕密②

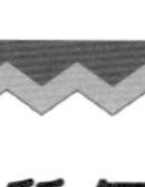

每種色光的轉彎速度都不同 所以才會形成彩虹

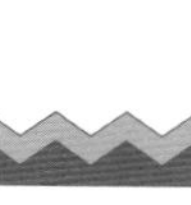

光不只遇到水會折射，穿透玻璃時也會折射。有些讀者可能看過太陽光穿透稜鏡時，細分成好幾條光線折射出來，呈現宛如彩虹顏色的美麗現象。

話說回來，大家是否感到疑惑？從先前說明即可得知光線的折射現象，可是為什麼太陽光會細分出彩虹的顏色？

光線穿透稜鏡，
折射出不同顏色。

光線在空中水滴的折射下，
形成不同顏色組成的彩虹。

※為了解說方便，特地簡化水滴中的折射過程。

插圖／加藤貴夫

太陽與白熾燈發出的光含有各種顏色的色光，不同色光在物質中的傳遞速度皆不一樣。因此，各種色光的折射大小不同，便會在穿透稜鏡時細分出各種顏色。

天空出現彩虹也是同樣的道理，懸浮在空氣中的水滴發揮稜鏡作用，將太陽光分成好幾種顏色。

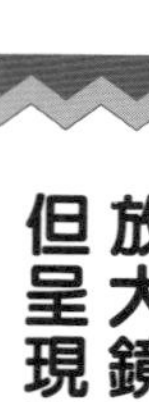

放大鏡和近視眼鏡都能看清東西 但呈現出來的效果卻完全相反

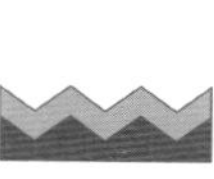

放大鏡和近視眼鏡分別利用外凸和內凹的方式折射光線，幫助人類看清東西。大家知道嗎？雖然都是協助讓人看清東西的工具，但放大鏡與近視眼鏡的作用原理卻是完全相反。

首先讓我們來看一下放大鏡放大物體的作用原理。將放大鏡對準小字時，文字反射出來的光會在放大鏡（凸透鏡）折射，聚集在一起後進入眼球。下頁上圖中以實線描繪的部分就是光實際的前進方向。不過，人的大腦雖然可

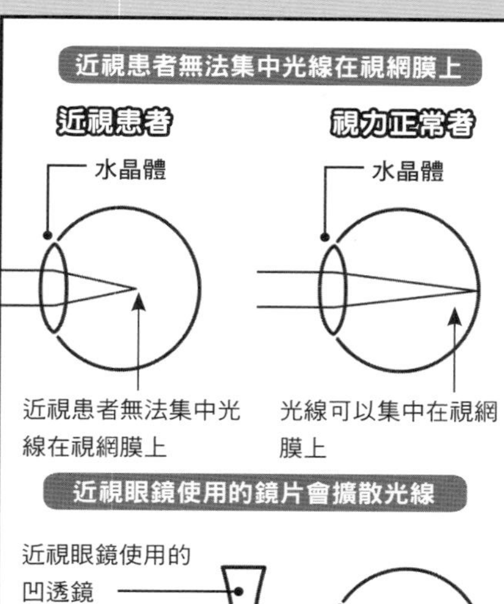
近視患者無法集中光線在視網膜上
近視患者
視力正常者
水晶體
水晶體
近視患者無法集中光線在視網膜上
光線可以集中在視網膜上
近視眼鏡使用的鏡片會擴散光線
近視眼鏡使用的凹透鏡
光線擴散後聚集在視網膜上

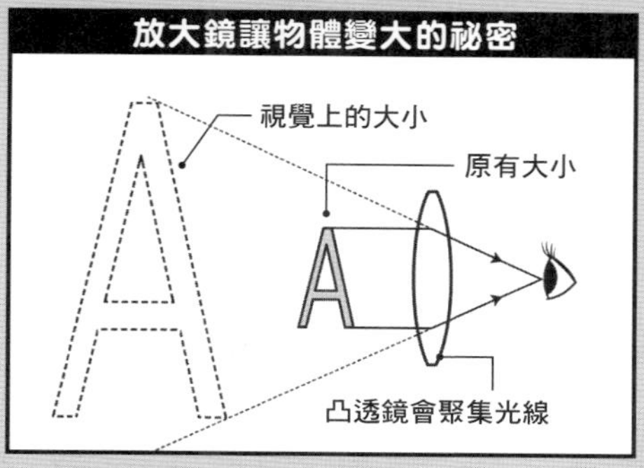
放大鏡讓物體變大的祕密
視覺上的大小
原有大小
凸透鏡會聚集光線

※為了解說方便，特地簡化了鏡片上的折射過程。實際上光線進入與穿出鏡片時，會折射兩次。

插圖／加藤貴夫

以看見進入眼睛的光，但卻看不出光在鏡片折射的過程。穿透鏡片進入眼睛裡的光線前端，也就是圖片上的虛線前端，會讓人誤以為有一個比實際更大的文字。這就是放大鏡放大物體的作用原理。

另一方面，近視的形成原因在於水晶體無法充分發揮作用，進入瞳孔的光線聚焦在視網膜前，使影像看起來模糊。只要讓光線聚焦於視網膜上就能再次看得清楚。正因如此，近視患者才要在眼睛前方戴上以凹透鏡製成的眼鏡。如此一來，進入水晶體的光就會擴散，再度聚焦於視網膜上，就能看見清晰影像。

特別專欄

冷空氣與暖空氣交界處會產生海市蜃樓現象

在空氣中前進的光，遇到不同溫度的空氣，也會改變前進方式。在道路與沙地等炎熱的地面上，會形成一層暖空氣與冷空氣，光進入這兩層空氣的交界處就會轉彎前行。雖然在人類眼中，光呈直線前進，實際上卻會看到不存在的物體，這就是海市蜃樓。

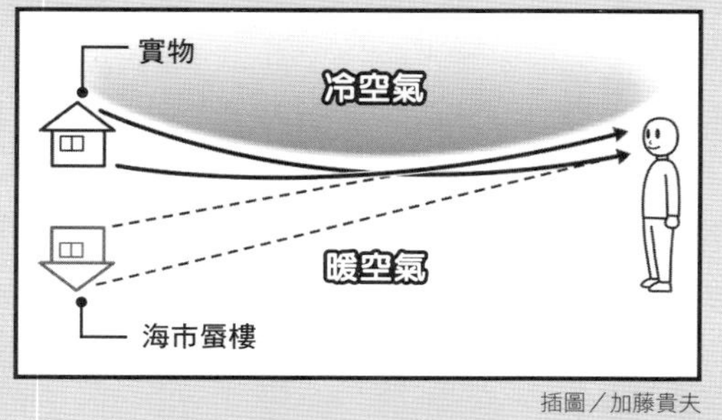
實物
冷空氣
暖空氣
海市蜃樓

插圖／加藤貴夫

耶！鏡頭果然出現了。

插圖／加藤貴夫

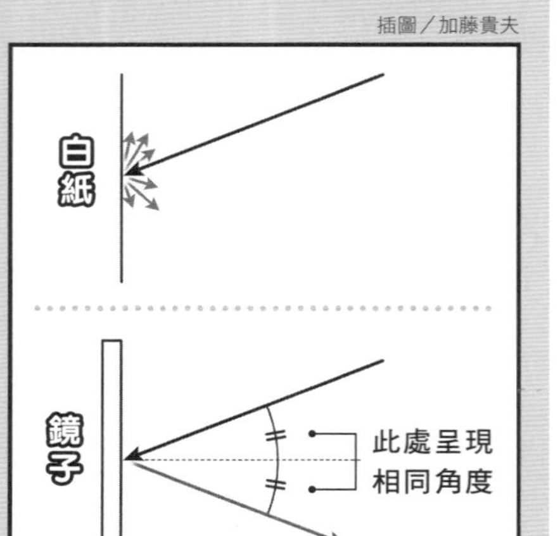
白紙
鏡子
此處呈現
相同角度

鏡子會以相同角度反射進入的光線

白紙會反射所有的色光，鏡子也會反射所有的光。不過，白紙與鏡子的不同，在於反射光線的角度。白紙表面會往四面八方反射光線，這個現象稱為漫反射。如放大白紙表面，會看見凹凸不平的質地，不只將光線往四面八方反射，也是無論從哪個方向看，白紙都是一張白紙的原因。若某樣物品只會往固定方向反射光線，我們也只能從該方向看見東西。

鏡子接收光線的角度與反射光線的角度相同，所以大家看到的其實是從鏡子反射出來的光，只是所有人的大腦都誤以為光線是從鏡子後方穿透過來的。這就是鏡子能映照物體的原理。

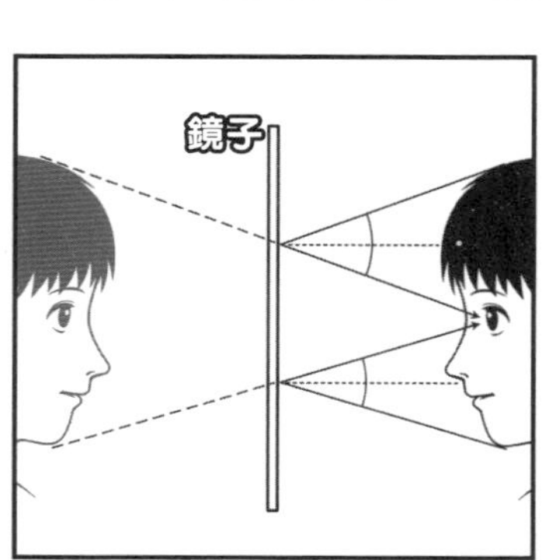
鏡子

插圖／加藤貴夫

特別專欄

一邊反射一邊讓光前進的光纖

光纖是一種結合折射率不同的玻璃所製成的線狀纖維。這種玻璃會反射所有光線，讓光線一邊反射一邊往前傳輸。如此一來，即可利用光線傳遞訊息。

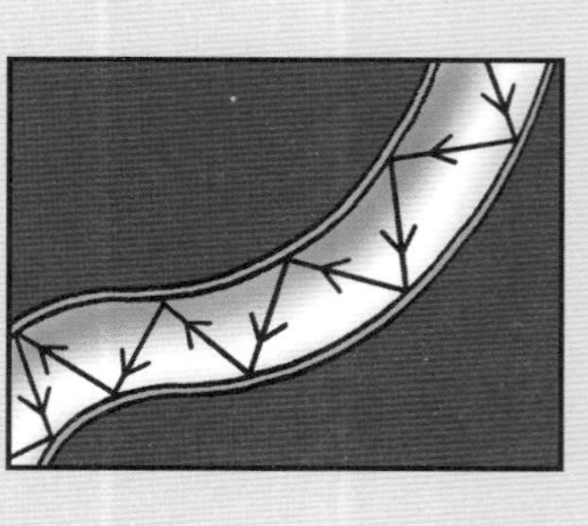

XYZ線照相機

真是厚臉皮的孩子。
少年マンデー本日発売
パク
パク
パク
※啪噠啪噠

真可惜啊！我連續去了一星期，好不容易才看完一半。
再也不能去那家店了。

我好想知道接下來的劇情喔。

那就去看不就行了。
咦？你有可以免費看書的道具嗎!?

就是這本書。
你又來了！

只要不站在這裡看就行了吧！
這是當然的。

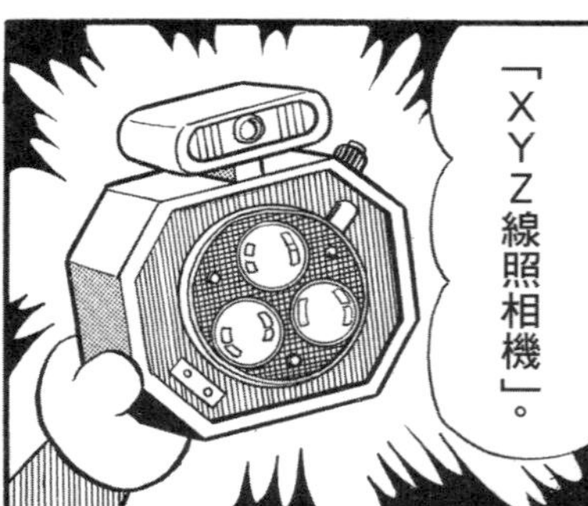
「XYZ線照相機」。

※喀嚓喀嚓

把書朝向我這邊。

抱歉打擾了。

光與聲音魔法帽Q&A

Q 哪種光是眼睛可見的光（可見光），而且與電磁波性質不同？ ①電波 ②地震波 ③紫外線

※倒出

バサ
バサ

這個照相機可以拍到內容。
全部的都有拍到耶！

這應該也可以用在其他地方。

這只是一點小小的心意而已！
這怎麼行呢，我不能收下啦。
カシャ

※喀嚓

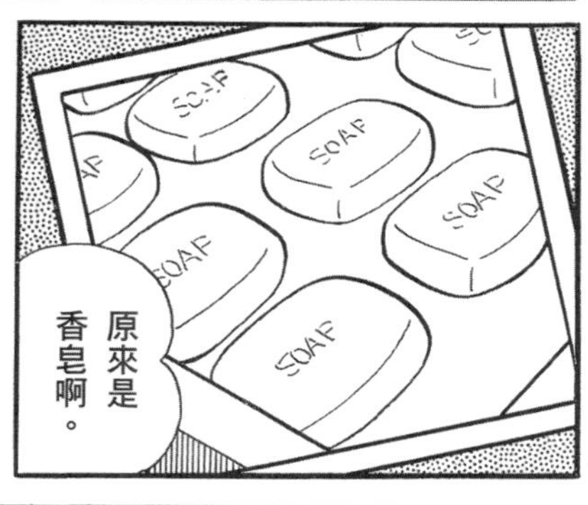
SOAP
SOAP
SOAP
SOAP
SOAP
原來是香皂啊。

真的是小小的心意。

有人在家嗎？
沒人在啊？真糟糕。

※喀嚓

カシャ

在睡午覺啦。

A ②地震波。雖然大家都是「波」，但地震波是地殼鬆動時，因碰撞而產生的波。

糖果還給我！
我沒有拿啊。
你看，都沒有吧！

他藏在襯衫裡面，在肚臍的上面附近。
你怎麼會知道？

好稀奇的照相機喔！
幫我拍一張吧!!

不、不行啦！怎麼可以！
為什麼不行啊？

不管怎麼樣，我都不能做出這種缺德的事。
你捨不得底片吧？
小氣鬼！

我才不是小氣呢……
我是為了靜香著想才不拍的。

…………
…………
…………

我就來拍吧！
反正是她自己要求的。

光與聲音魔法帽Q&A

Q 下列哪位科學家發現了太陽光含有各種色光？ ①伽利略 ②牛頓 ③愛迪生

你願意幫我拍嗎？
那我去換一件衣服吧！

不用了。
反正衣服拍不出來。
什麼意思啊？

至少應該拍背後才對吧。
不要說些奇怪的話，趕快拍啦！

※喀嚓

原來是沒底片了⋯⋯覺得有點失望，卻又鬆了一口氣⋯⋯

奇怪⋯⋯？

A ②牛頓。牛頓利用稜鏡做的實驗相當有名。先用稜鏡分離色光，再讓色光通過另一個稜鏡，就會再度形成白色光。

光與電磁波屬於相同族群，真的嗎？

「XYZ線照相機」

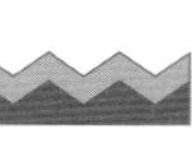

光其實是由電場與磁場共同組合成的電磁波

根據前頁解說內容，光可使人類肉眼感受到明亮度與顏色，而且光也包含了人類肉眼看不見的部分，例如紅外線與紫外線。相信許多讀者都很想知道這個：「光」究竟是什麼？接下來，我們將揭開光的神祕面紗，深入探究光的特徵與性質。

簡單來說，光與電磁波屬於相同族群（關於波的詳細說明，請參照第一三二至一三三頁）。大家應該都在小學的自然科學實驗中，製作過電磁鐵吧？以銅線纏繞釘子般的鐵棒，通過電流後，就會產生磁氣（磁場），形成電磁石。相反的，將棒狀磁鐵放入銅線繞成的線圈，再將棒狀磁鐵取出，在此瞬間線圈就會產生電力（電場），充滿電流。

由此可見，電場（電力）與磁場（磁力）就像雙胞胎一樣，電場出現變化就會產生磁場；磁場變化就會產

依波長區分的光族群

暖
暖
喂？
1234
紅外線
微波
無線電波
100μm
1cm
1m
100m

生電場。不斷重複之下，電場與磁場便在空間裡持續產生「波」，逐漸往外擴散。姑且不管艱深繁複的理論解說，電與磁產生的電磁波就是光的廬山真面目。大家只要記得這一點就好。

電波、紅外線、紫外線與X光線都是光的族群之一

海浪有波峰與波谷，前後相繼形成美麗的自然景觀；同樣的，電磁波也有波峰與波谷，兩個相鄰的波峰距離稱為波長。波長會影響電磁波的性質，電磁波依波長可分成好幾種，分類方式請參照下圖。

我們一般稱為「光」的是波長四百到七百奈米的可見光，以顏色來區分，波長最短的可見光是紫色，依序為靛色、藍色、綠色、黃色、橙色，波長最長的則是紅色。紅外線的波長比紅色長，波長約七百奈米到一公釐，比紅外線長則為微波與無線電波。

另一方面，波長比紫色短的光稱為紫外線，更短的則有X光線、γ射線。

▼ 相鄰的光有部分波長重疊。橫軸每刻度的長度增加一百倍。1μm（微米）＝1/1,000mm、1nm（奈米）＝1/1,000,000mm、1pm（皮米）＝1/1,000,000,000mm

DANGER

紫・靛・藍・綠・黃・橙・紅

γ射線　X光線　紫外線　可見光　紅外線

1pm　100pm　10nm　1μm

存在於生活中的不可見光

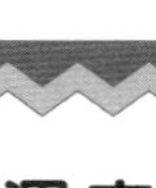

充分發揮各自特性 運用在日常生活中的電磁波

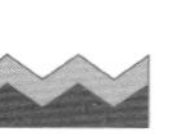

電磁波是光的一種，不同波長的電磁波擁有不一樣的特性。人類肉眼能分辨出顏色與明亮度的只有可見光，其他的電磁波則以各種型態存在於我們周遭，其中不乏運用在日常生活中的例子。紅外線具有加熱作用，又稱為熱線，常用於電子爐或暖爐桌。使用鎳鉻線的發熱體或鹵素燈泡釋放出的紅外線不會溫暖空氣，而是被人體或棉被吸收，發揮直接加熱的效果（此作用稱為輻射熱）。燒炭調理的烹飪方式，也是利用高溫的炭所釋放出的紅外線加熱食物。

紫外線具有化學作用，因此又稱為化學線。長年使用的窗簾之所以會褪色，就是受到太陽光內含的紫外線影響。此外，紫外線會穿透至人體皮膚組織內，使細胞與蛋白質產生化學變化。為了預防這一點，每當人體照射到紫外線，就會分泌黑色素，這是一種黃褐色的色素，也是人會晒黑的原因。相反的，也有人利用紫外線的作用，製作出具有殺菌效果的紫外線燈。

波長比紫外線短的X光線和γ射線，具有更強的穿透

▼以X光線從四周照射人體，利用電腦分析相關數據，清楚顯示人體內部狀態的醫療用檢查儀器「電腦斷層掃描」。

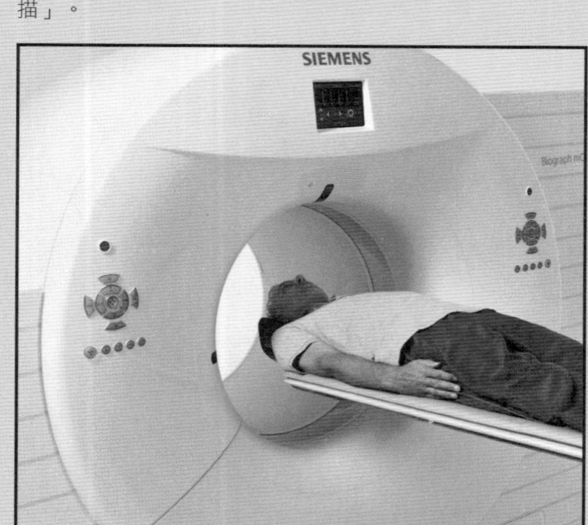
SIEMENS

圖片提供／西門子

圖片提供／日本國立天文台

▲ 用來觀測天體的電波望遠鏡使用的不是可見光，而是利用外太空發出通訊波段電磁波。可以觀測到不會發出可見光的星際物質以及暗星雲。

力，可以穿透各種物質。健康檢查最常用的X光檢查，就是利用X光線的穿透作用達到醫療目的。可以詳細檢查身體內部狀況的電腦斷層掃描，也是利用X光線的醫療儀器。值得注意的是，X光線以及從放射性物質釋放出的γ射線皆屬於具有危險性的電磁波，若大量照射在人體上，會對人體造成極大影響。

電磁波中運用範圍最廣的是通訊波段電磁波，用來傳輸訊息與影像。通訊波段電磁波分成好幾種，從最短到最長依序為微波、極超短波、超短波、短波、中波、長波、超長波。為了避免訊號互相干擾，全世界國家針對不同目的規定使用各種電波，例如衛星通訊、衛星電視、無線區域網路使用的是微波；行動電話、地面數位電視使用的是極超短波；FM調頻廣播使用的是超短波；短波廣播使用的是短波；AM調幅廣播使用的是中波；電波錶使用的是長波。

特別專欄

有效利用地面電視數位化的電波

日本在2011年7月全面改用地面數位電視，讓通訊波段電磁波承載更多資訊，提供高畫質與高音質的數位電視傳輸服務。數位化的好處不只是方便，最大優點在於可以有效利用電波。地面數位電視使用的電波只占傳統類比電視的三分之二，多出來的電波將分享給需求量較大的行動電話服務，以及高度道路交通系統（Intellegent Transport System，簡稱ITS智慧交通系統），用來傳送車禍和塞車等資訊，以期提高海陸空交通的運輸效率與安全性。

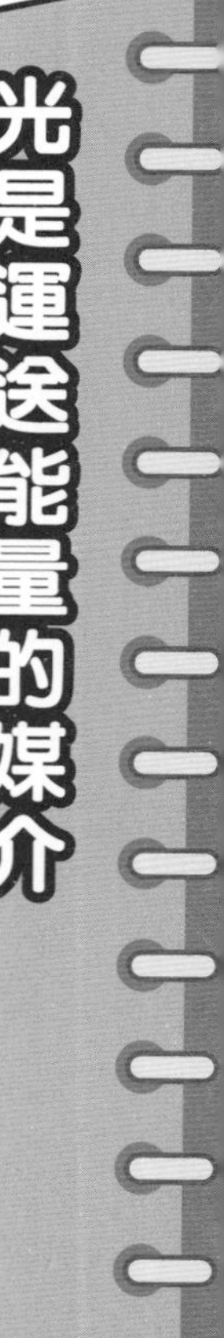

光是運送能量的媒介

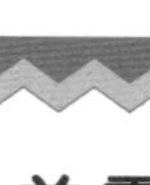

電磁波負責運送能量並將能量加在物質上

太陽透過核融合反應釋放極大能量，其中一部分傳送至地球。負責運送這股能量的媒介是光，也就是電磁波。太陽能量產生的電磁波承載能量，經過外太空照射至地球，當地球吸收照射至表面的電磁波，也同時接收了這股能量。太陽發出的光不只是可見光，還包括紅外線、紫外線等各種波長的電磁波。不過，並非所有電磁波都會進入我們生存的地球。

地球四周包覆著一層高約五百公里的大氣層，絕大部分的電波與可見光可傳送至地表，但紅外線會被大氣中的水分子與二氧化碳吸收或散射，紫外線則會被臭氧層的臭氧分子吸收，只有一部分會到達地球表面。此外，對生物極具威脅性的高能量X光線與γ射線，也會被大氣中的氮分子吸收，不會照射至地表。包括人類在內的地球上所有生物，即使生存在各種電磁波環境裡，皆利用視覺感受以可視光為主的部分光線，生物的進化型態或許也與這樣的自然現象有關。

▼太陽能量穿透大氣層到達地表，這段過程會耗損七成左右的能量。因此，科學家正在統籌規劃利用人造衛星收集光，再透過微波傳送至地球的系統。

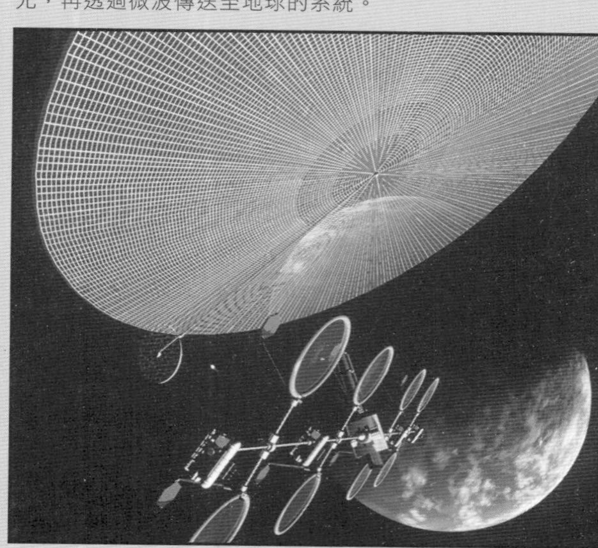

出處／NASA

砰
砰
煙火使用不同原料
發出不同顏色，
看起來繽紛燦爛！

▲ 鈉是黃色、鋰是紅色，高溫物質會隨著元素種類發出波長各異的光。煙火就是利用這項特性產生繽紛燦爛的顏色。

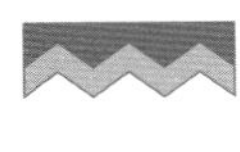

所有物質都會發光？

可能有讀者認為太陽、電燈等高溫、高能量的物體才會發出光，事實上，這個世界上幾乎所有物體都會釋放出符合本身溫度的電磁波。在我們身邊溫度較低的物體會釋放紅外線，熱影像儀就是利用這個原理，透過紅外線量的變化觀察溫度。比放出紅外線還更高溫度的物體就會釋放可見光，超過攝氏幾萬度就會釋放紫外線、X光線。

在夜空中閃耀的星星，也會隨著表面溫度越高，釋放出波長較短的電磁波。例如表面溫度較高的星星會發藍光，表面溫度較低的星星看起來偏紅。

不只是溫度，高溫物質也會依種類釋放出波長各異的光。煙火之所以能發出燦爛光芒，就是利用這個特性創造出來的。

特別專欄

爲什麼微波爐可以加熱、調理食物？

微波爐會在內部產生微波（極超短波），加熱食物。食物內含的水分子受到微波能量影響，產生激烈碰撞，進而產生熱能。唯一的缺點就是，微波的波長只有 12 公分左右，容易加熱不均。舊機種使用轉盤解決這個問題，最近推出的新機種則利用感應器減少加熱不均的狀況。

此外，富含鹽分與礦物質的食物表面很容易吸收微波，有時會出現食物裡面冷、外面熱的問題。

「存在罐」在偷看

SONZAI

在寫完作業之前，不准你踏出房間一步！

知道了吧！

那你就趕快寫一寫，再出去玩啊！
那有你說的這麼簡單。

坐上書桌，就覺得作業很難啊，陷入沉思…根本不懂。

頭開始痛，眼睛也花了……

稍微讓頭腦休息一下吧！

鼾……

每次都會變成這樣。

※打開

光與聲音魔法帽Q&A
Q
目前大家使用的長度單位一公尺，是以光速來決定的。這是真的嗎？

「存在罐」。
SONZAIKAN

打開來看看。

プシュ
SON

※冒出

モヤ～

哇哇、哇!!
這是什麼？
SONZAIKAN

像海市蜃樓的東西。不管你在哪裡、做什麼事，它都會跟你一樣存在著。

讓它朝向書桌……

原來如此！
這樣就可以去玩了。
不是要讓你逃出來玩的。

要去老師家一趟。
咦!?

大雄有乖乖的在寫作業嗎？
要是他跑了，一定要好好的罵他。
咦……乖乖的坐在書桌前。
這裡就是老師家。
請老師幫你開一下罐頭吧！
AIKAN
大雄，你的作業做完了嗎!?
還沒，所以想請您幫我開罐頭……
プシュ
※打開
SON
謝謝，再見。
SONZAI
回房間去吧……
看家辛苦囉。
SONZAIKAN

A 真的。由於真空狀態下的光速維持恆定，因此將「光在真空中前進兩億九千九百七十九萬兩千四百五十八分之一秒的長度」定為一公尺。

蓋上蓋子就會消失了。
SONZAIKAN

換開這個。
SONZAIKAN

有老師盯著你，就不敢偷懶了吧！
嗚……
SONZAIKAN

作業寫完了!!真不敢相信。

只要肯做一定寫得完，太好了。

這麼可怕的東西，趕快收起來吧。
パチ

※啪嘰

還有其他罐頭嗎？
有啊。
SONZAIKAN

你要做什麼？
好事。
SONZAIKAN

光與聲音魔法帽Q&A

Q 肥皂泡泡上的顏色也能在眼鏡或相機鏡片上看到。這是真的嗎？

A 真的。加工在鏡片表面的薄膜，與肥皂泡泡的外層薄膜原理（請參照第九十頁）相同，會產生光干涉現象

在房間裡擺一個靜香當裝飾好了。
這是最好的室內裝飾品。

一整天都可以看到靜香⋯嘻嘻嘻～

笑得這麼白痴。
笨蛋又在想什麼白痴的事情了吧？

你打開罐頭一下。

プシュ

※打開

這樣有什麼好玩的嗎？
當然有！

為什麼要做小夫的？

你竟然把我當白痴!!

你這可惡的傢伙!!
ペチ
ペチ

※乒碰

真爽快，再給我一個「存在罐」。

別用在無聊的事情上。
我知道。

田スポーツ

繞遠路吧！

你手上拿的東西好像很好玩。

裡面有什麼啊？

※打開

プシャ
SONZAI

※拿走

サッ

給我看!!小氣鬼!!

呼……哈……
為什麼是胖虎!?
SONZAI

光與聲音魔法帽Q&A

Q 蜻蜓、馬蠅與蒼蠅等昆蟲翅膀有時也會呈現彩虹色。這是真的嗎？

拜託！再給我一個!!

※拳打腳踢
ポカゴツボカ

每次都只會欺負我!!

有事嗎？
出木杉也在啊。

這次一定要讓靜香打開!!

我幫妳開。
※打開

可是我的手指受傷了。

幫我開這個罐頭好嗎？

你已經用了五個耶!!
拜託你～再給我最後一個!!

怎麼大家……
都跟我作對!?

A 真的。昆蟲翅膀的結構很容易產生光干涉現象，這類顏色稱為「結構色」。秋刀魚和沙丁魚體表上也有相同顏色。

※打開

終於拿到了……

プシュ
SON

請妳用左手開吧！

在跟出木杉說話嗎？

原來你想要的是這個啊。
是啊。
SONZAIKAN

怎麼跟那傢伙聊得這麼高興啊……
SONZAIKAN

好像聊得很開心的樣子。

喔!?
SONZAIKAN

接下來要做什麼呢？
SONZAIKAN

好像終於要回家了。

Q 在太陽系行星之中，只有地球看得到極光。這是真的嗎？

A 假的。木星與土星也能看到。極光須在有大氣和磁場的環境中才能發生，沒有大氣的水星、磁場較弱的金星和火星很難看見極光。

要準備洗澡！
不可以看。
不看就是了。
※冒出
這樣靜香就會討厭他了。
モヤ～
把出木杉的「存在罐」放在……
大雄最討厭了!!

光速有可能被超越嗎？

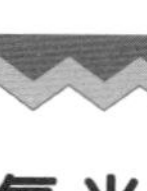

光波與電波速度相同 每秒約前進三十萬公里

光速高達每秒三十萬公里（與電波等其他電磁波相同），相當於一秒繞行地球七圈半的距離。噴射民航機的秒速約為零點三公里，火箭的秒速也只有十公里，完全無法相提並論。

科學家認為目前沒有任何物體的速度比光（電磁波）快，不過，二〇一一年九月發表的實驗報告指出「基本粒子跑得比光快」，震驚全世界。研究小組發現渺子型的微中子秒速比光速快七點五公里。不過，研究小組也在不久後公開承認「實驗裝置有缺陷」，因此實驗結果可能有誤。

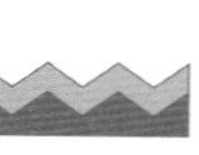

第一個探測光速的人，是丹麥的天文學家奧勒・羅默。他在一六七六年首次觀測木星與其衛星埃歐時，計算出光的速度。不過，當時計算出的數字並不正確。後來法國物理學家阿曼德・斐索在一八四九年透過實驗精準測出光速，他用光照射高速旋轉的齒輪，讓光穿過齒輪縫隙，再利用反射板反射回來，計算出反射回來的光被隔壁齒輪遮住的速度，結果發現秒速約三十一萬三千公里。

▼光每秒前進相當於繞行地球七圈半的距離。從地球到月亮約 1.3 秒。順帶一提，日本發射的月球人造衛星「月亮女神號」抵達月球的時間約兩星期。

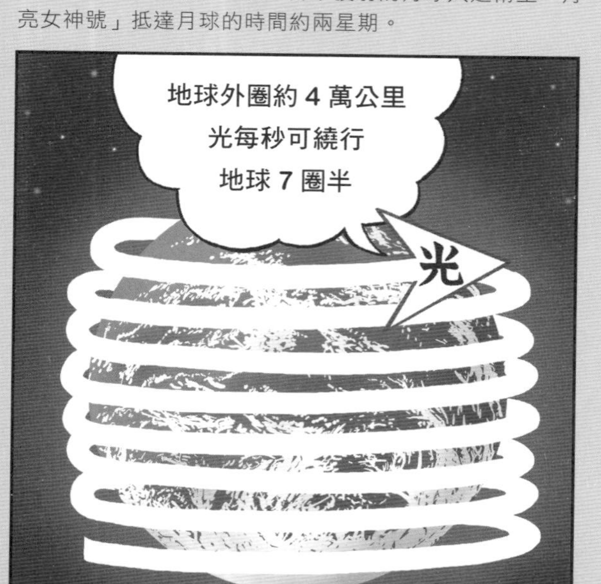
地球外圈約 4 萬公里
光每秒可繞行
地球 7 圈半
光

自從科學家發現光速之後，也進一步證明光屬於電磁波的一種。研究電與磁各種現象、確立電磁學的英國理論物理學家詹姆斯・克拉克・馬克士威認為，理論上電磁波的速度與光速相同，因此在一八六四年發表「光其實就是電磁波」的結論。

磁場線

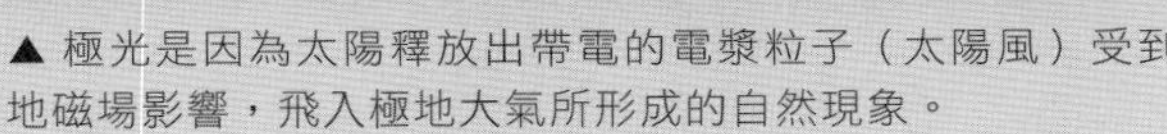
▲極光是因為太陽釋放出帶電的電漿粒子（太陽風）受到地磁場影響，飛入極地大氣所形成的自然現象。

由太陽風與地磁場產生的神祕光芒「極光」

地球是一個巨型磁鐵，南北兩極分別是N極與S極。地球四周則由磁場線建構出磁力的作用空間（磁場）。在磁場引發的各種與光有關的現象中，最為人熟知的就是充滿神祕感的「極光」。

太陽除了釋放可見光、紅外線與紫外線等電磁波之外，還會吹太陽風。太陽風的氣體是由帶電粒子構成（稱為離子體），包含帶正電的陽離子（氫離子）與帶負電的電子。地磁的磁場阻礙了帶電粒子進入地球表面，迫使其沿著磁場線進入磁極，與大氣中的氮等各種分子和原子碰撞。由於碰撞會增加分子與原子的能量，所以當它們恢復原有狀態，就會發光以釋放多餘能量，這就是出現極光的作用原理。

極光不只會將夜空渲染成紅、藍、黃、綠、紫等各種繽紛的顏色，還會在空中飛舞擴散。極光的顏色其實是受到發生源，亦即分子與原子的種類所影響，例如氮為藍色、氧為綠色。順帶一提，氧氣若存在上空較高的地方則會發出紅光。

雖然很辛苦，
不過總算
全部
貼完了。
肥皂泡泡的表面爲什麼可以生成美麗圖樣？

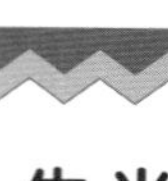

光的「干涉」現象生成美麗色調

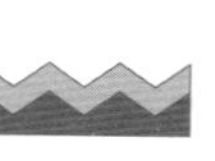

紅色蘋果為紅色、綠色葉子看起來是綠色的作用原理已在第三十五和三十六頁詳細解說過，事實上，有些物體沒有固定色調，呈現出神祕感十足的色彩，肥皂泡泡就是其中一例。肥皂泡泡的表面閃耀著紅、藍、黃、綠等各種顏色，其他像是吉丁蟲、鮑魚殼的內側、蛋白石等物體，也會因為看的角度不同，變化出各種顏色。CD與DVD等碟片的銀色背面會浮現彩虹顏色的原理亦是如此。

只要了解光擁有的波的特性，自然就能理解其作用原理。相同波長的兩個波峰疊在一起，就會讓波峰變成兩倍高；相反的，波峰與波谷重疊在一起就會互相抵銷，波峰與波谷都會消失。像這樣結合多個波增強（變亮）或減弱（變暗）的現象便稱為光的「干涉」。

肥皂泡泡是由薄膜形成，光線照射到肥皂泡泡時，部分光線會在膜的表面反射；另一部分則在膜底反射（請參照第九十一頁圖說）。這兩股反射光線產生干涉現象，發揮加強效果時，光（色）看起來會變亮；減弱時則會看不到光（色）。看的角度與膜的厚度會改變加強的波長，

▼「干涉」現象是光擁有的波的特性，這個特性使得肥皂泡泡和光碟背面產生各種不同的色調。

插圖／加藤貴夫

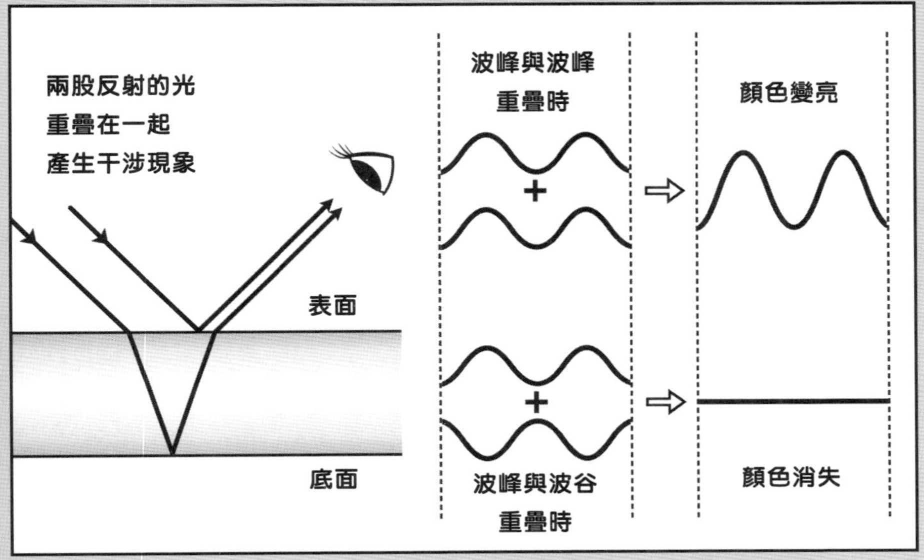
兩股反射的光
重疊在一起
產生干涉現象
表面
底面
波峰與波峰
重疊時
波峰與波谷
重疊時
顏色變亮
顏色消失

▲ 多個波重疊後增強或減弱的現象稱為「干涉」（右）。光線照射到如肥皂泡泡般的薄膜表面與底面，反射後重疊在一起，就會產生干涉現象（左）。

使得肥皂泡泡變化出五彩繽紛的色調。水塘表面漂浮的油膜之所以看起來呈現出彩虹色調，也是同樣的道理。

吉丁蟲的體表與鮑魚殼內側呈現的美麗顏色，也與薄膜產生的干涉現象原理相同。其結構宛如好幾層薄膜交疊而成，每層都會反射光，引發干涉現象，呈現千變萬化的色調。光碟背面出現的彩虹色調也是干涉現象引起，訊號記錄面上有許多小小的凹凸點，當光線照射這些凹凸點就會反射，這與反射光擴散後產生的「繞射」（請參閱第九十二頁的解說）現象息息相關。

特別專欄

利用光干涉現象完成的全像攝影

大家不妨跟家人拿一張五百元或千元紙鈔出來看看，照到光線時應該會看到閃閃發亮的圖案。另外，相信許多讀者都看過只要改變觀看的角度，就會出現發光圖案與文字的卡片或貼紙，這些全都是所謂的「全像攝影」。利用底片表面的凹凸點產生干涉，調整反射光的強度，加工成浮現出紋路或圖案的效果。由於銀色反射的光線較多，因此全像攝影大多採用銀色。臺幣五百元和千元紙鈔就是利用全像攝影的原理來進行防偽的。

光是「波」還是「粒子」？

若將光視爲波就會出現無法解釋的現象

前頁已經介紹過光是電磁波的一種，並具有波的特性。以海浪為例，海浪打在防波堤上，穿過障礙物的縫隙時，會像扇子一樣往縫隙兩旁環繞擴散（請參照第一百三十四頁圖說），此現象就是「繞射」。光穿過縫隙之後，看起來還是往前直行，不過，與光同屬電磁波且波長較長的電波，則會像海浪一樣環繞擴散，也因此就算走在路上遇到一些障礙物，我們仍然能使用行動電話或接收廣播電波。事實上，當縫隙寬度與波長成反比的比例越大，越容易產生繞射現象，不只是電波，當光（可見光）穿過極窄的縫隙時，也會像扇子一樣環繞擴散。我們看得到的可見光波長比電波短許多，因此不太有機會看到光產生繞射現象。

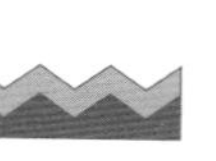

十九世紀初期，科學家第一次發現光具有干涉、繞射等波的特性，確認光是波的一種。直到十九世紀後半，科學家又有了意想不到的新發現。當波長較短的光（電磁波）照射在金屬板上，吸收光的金屬會釋放出電子。而且其釋放方式與波不太一樣，若將光視為波，無法解釋這個現象。舉例而言，當光的波長愈短，只要微弱光線就能釋放出電子；但當波長超過一定長度，無論多明亮的光也無法使金屬板釋放出電子。若光是一種波，任何波長的光只要加強明亮度，電子就會獲得更高能量，應該可以讓金屬板釋放出電子，但實驗結果並非如此。

▶在真空狀態下以紫外線照射金屬板，金屬板就會釋放出電子（光電效應）。

光兼具波與粒子的雙重特性？

這個在十九世紀後半所發現的現象被稱為「光電效應」，事實上，我們每天都在體驗相同現象，那就是晒黑。一般來說紫外線會晒黑肌膚，但加強可見光卻無法晒黑肌膚。

以相對論聞名於世，在德國出生的理論物理學家愛因斯坦，以巧妙的方式精準解說這個不可思議的現象。他認為「光是一種波長越短能量越大的粒子」。一顆光子的能量是由波長的長度決定，如果是波長較長、能量較小的光子，即使增加光子數量（增加明亮度）也無法讓金屬板中的電子被釋放出來。相反的，若是波長較短、能量較大的光子，只要一顆光子就能釋放出金屬板中的電子。

若從粒子的角度看待光，就能解釋「光電效應」，但如此一來，該如何說明波的特性？結論很簡單，光同時擁有波與粒子的特性——這個說法也太方便了吧！而且還能換成以下的說法：光不能算是波，也不能算是粒子，而是兼具雙方特性的「光量子」。根據研究顯示，不只是光，電子也具有粒子與波的雙重性。在原子等級的微量世界中，存在著許多我們意想不到的現象，量子力學就是幫助我們理解微量世界的學問。

▲愛因斯坦提出光同時具有波與粒子的特性。

變歌手

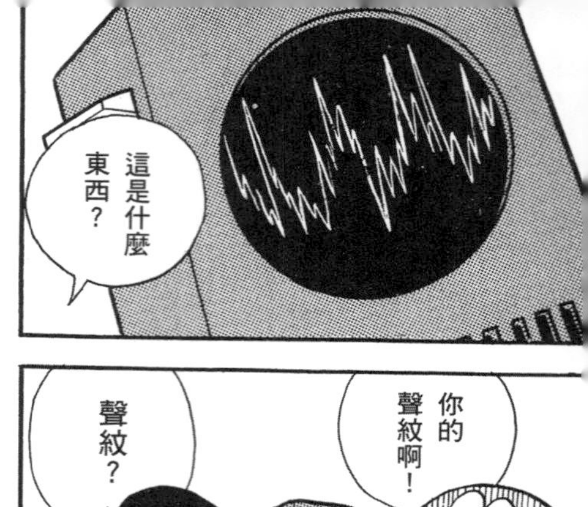
這是什麼東西？

你的聲紋啊！
聲紋？
就像每個人的指紋都不同一樣，每個人的聲音也有不同的特徵。
根據這個特徵，
※滾出
這個機器可以把聲紋做成糖果。
コロン

吃下糖果

只要吞下這個糖果……

哆啦A夢，我們來玩吧！

跟我的聲音一模一樣!!

我不要寫功課了！

「不要寫功課」是怎麼回事？

趕快寫功課！不要偷懶！
不要用媽媽的聲音說話啦。

寫完了。
用這個道具來玩吧！

我一點都不想吞下小夫聲音的糖果。

我有好東西給你，這是演唱會的票。
咦？是誰的？

媚惑的演唱會
胖虎的歌
時間：8月13日下午三點
平常的空地

我才不要那種東西呢！
這已經是你的了。
你們在幹什麼？

哼…你們竟然敢…

那麼不想聽到…
我的歌聲嗎!?
當、當然不是…

光與聲音魔法帽Q&A

Q 成人與剛出生的嬰兒，何者聽力較好？ ①成人 ②嬰兒 ③兩者相同

A ①成人。新生兒對大音量的反應只有成人的十分之一左右。

那好吧！
我也給你一張票吧！
謝謝…
為什麼你連我的份，都拿回來了!?
如果拒絕他，後果會很慘的。
不管什麼時候，
他的歌聲都好可怕…
我的大腦已經打結了。
我眼冒金星，全身起雞皮疙瘩。
這也是一種公害啊！
※拍手
哇～太棒了，太棒了。
パチパチ
唱完了，真是太棒了。
謝謝各位熱烈的掌聲。
雖然我沒有任何長處，唯一有自信的就是我的歌聲。

像這樣讓大家開心聆聽我唱歌，對我來說就是最大的幸福。

讓我們聽到如此美妙的歌聲，我們才幸福呢！
哎呀！你的話真令我開心。

好吧！為了大家，我再唱一首安可歌曲。

你幹嘛多嘴說那種話！
這種異常的歌聲再聽下去會沒命的！
大家都開心的哭了。
那我就唱到聲音沙啞為止吧！

啊！對了。

請你吞下這顆糖果吧！

對喉嚨很好嗎？

咦？好棒的歌聲!?
好像歌手一樣。
幸好我有把電視上歌手的聲音錄下來。

光與聲音魔法帽Q&A

Q 人利用哪個器官判斷聲音從哪個方向過來？ ①耳朵 ②皮膚 ③眼睛

A

①耳朵。從左右耳聽到聲音的時間差判斷來源方向。

我最喜歡大雄了。
喜歡喜歡好喜歡！

聽到靜香的聲音這麼說，我好感動喔！
再多說一點。
我覺得好像越來越愚蠢了。

哇啊！我最喜歡大雄了。
銅鑼燒

大雄。
人家玩正開心耶。

大雄，胖虎拿這本書來還你。

還我嗎？
真是難得啊！

這是怎麼回事？這不是我的書啊！

咦？是嗎？真不好意思。

嘿嘿嘿！大雄，讓我們做好朋友吧！

你真是個好人。
頭腦好，又有男子氣概，請你務必要當我的好朋友…

好噁心喔！
不要這麼說嘛！大雄！

你要抓住大雄嗎？我來幫你。

你竟敢對大雄動粗，我饒不了你。
對吧！

胖虎的目的是那個糖果啦！

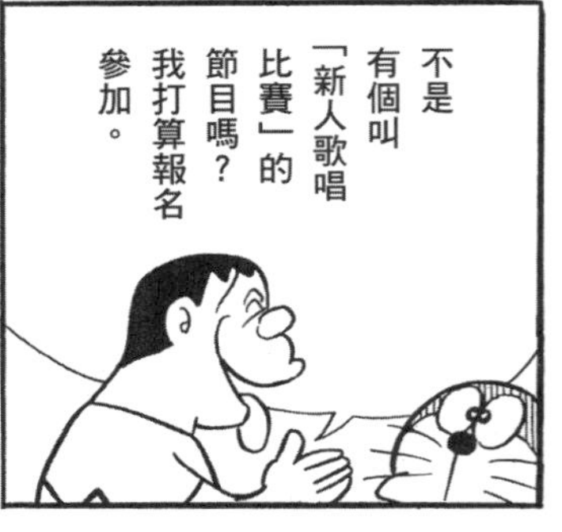
不是有個叫「新人歌唱比賽」的節目嗎？我打算報名參加。

無論如何都想獲得優勝，成為真正的歌手!!

可是，沒有實力卻成為歌手的話…
請你別這麼說，拜託你了。

Q 日本人最難分辨發音的英文字母是哪兩個？ ①B與V ②F與H ③R與L

A
③R與L。由於日文五十音的 行沒有R與L的區別，因此對他們來說，很難分辨。

節目開始了。
新人歌唱比賽
咦？胖虎要用天地真理的歌聲唱歌？

希望他可以獲得優勝。
那一定沒問題，因為他是用專業的歌聲唱歌。

等一下喔…

我忘記跟他說注意事項了。
注意事項？

糖果的藥效只有三十分鐘而已。

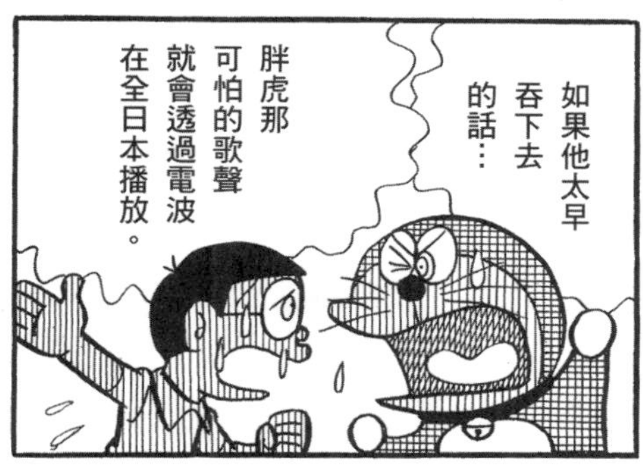
如果他太早吞下去的話…
胖虎那可怕的歌聲就會透過電波在全日本播放。

接下來請下一位參賽者進場。
會怎樣呢？

我…我是3號！剛…剛田武！

是胖虎原本的聲音！

趕快把耳朵摀起來！

拜那個節目之賜，有好多電視機都故障了。
還有好多人昏倒，全國的救護車忙著到處救人。

不過這樣也好，胖虎再也不會開演場會了吧！

他一定很生氣吧！
在全國觀眾面前出糗。

如果他看到哆啦A夢你們，一定不會放過你們的。

不要那麼沮喪嘛！
我已經準備好緊急用的糖果了。

他出現了！

光與聲音魔法帽Q&A

Q 長時間聽大音量的音樂可能導致聽力受損，請問危險值為幾dB以上？

①90 ②95 ③100

A ③100dB。不過，在非音樂的狀況下，噪音若為95dB已達危險標準。

趕快吞下緊急用糖果！

胖虎！你如果亂打人，我可不饒你！
害怕

幸好我有錄下胖虎媽媽的聲音。

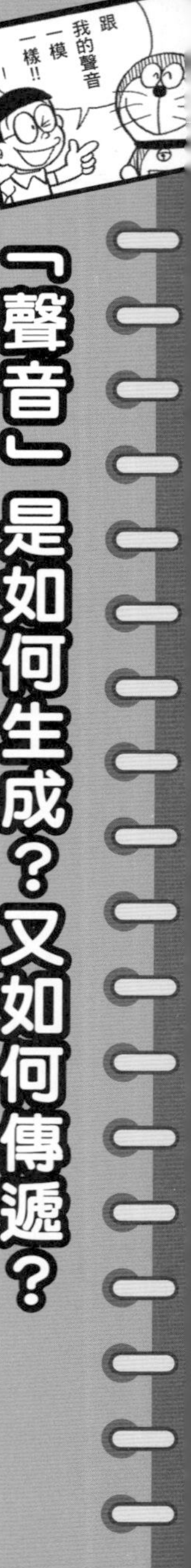

「聲音」是如何生成？又如何傳遞？

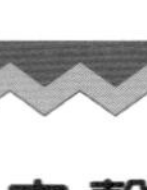

跟我的聲音一模一樣!!

聲音其實是——空氣的振動

我們居住的世界充滿各種聲音，人的聲音、動物叫聲、音樂、汽車引擎聲、雨聲、風聲……這些數也數不清的「聲音」究竟是什麼？

以太鼓為例，當我們敲一下太鼓，鼓皮就會產生振動，發出「咚」的聲音。這是因為當鼓皮振動，周遭空氣也會受到鼓皮影響跟著振動。鼓皮往下陷時，會牽引少量空氣往下沉，使該空間的空氣密度變薄。相反的，當鼓皮往上凸，就會將空氣往上壓，加強空氣密度。以較艱澀的專有名詞來解說，空氣密度變薄的狀態稱為「疏」；空氣密度變高的狀態稱為「密」，此疏密程度會形成振動，透過空氣傳遞，傳達到我們耳朵裡，我們就會聽到「聲音」。敲桌子或敲鐘會發出與太鼓不一樣的聲音，其原理也與空氣的疏密程度有關，不同的疏密程度會發出截然不同的聲音。

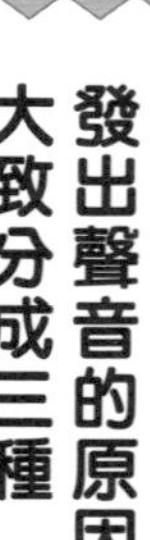

發出聲音的原因大致分成三種

引發聲音（空氣振動）的原因大致可分成三種。第一種就是剛剛舉的太鼓例子，物體振動發出聲音；第二種是空氣本身發出的聲音。風撞到障礙物引起亂流，不時產生渦流，此時會因空氣振動而發出聲音，都市常見的高樓風即為一例；第三種則是氣球的破裂聲或爆破聲，這是因為空氣瞬間膨脹與收縮產生的聲音。

①物體振動發出的聲音
人的聲音
打擊樂器
弦樂器
……
②空氣流動發出的聲音
咻～
風切聲
噴灑聲
管樂器
……
③空氣膨脹與收縮發生的聲音
嘣～嘎！
雷
手火
打拍
煙
……

進入沒有聲音的世界 人類會有什麼反應？

當我們專心用功，一聽到噪音就會影響注意力，相信大家都有過這樣的經驗。話說回來，地球上不可能存在沒有聲音的自然環境。當一個人進入以人工方式消除雜音的「消音室」，會產生什麼反應？消音室不僅會將所有聲音擋在外面，牆壁與天花板也會吸收內部發出的聲音。要是在這樣的環境唸書，學業成績肯定會突飛猛進吧！不過，根據實驗結果，當人身處於無聲世界時，反而會感到壓力、坐立不安。因為人類習慣透過聲音了解周遭環境，確認自身安全，待在無聲環境裡反而破壞了動物具備的防禦本能。

▼人唯有圍繞在各種聲音之中，才能安心生活。

發出聲音的作用原理

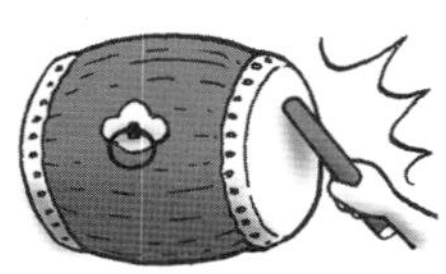

以太鼓為例，解說發出聲音，往遠方傳遞並消失的作用原理。

空氣受到伸展而變「疏」

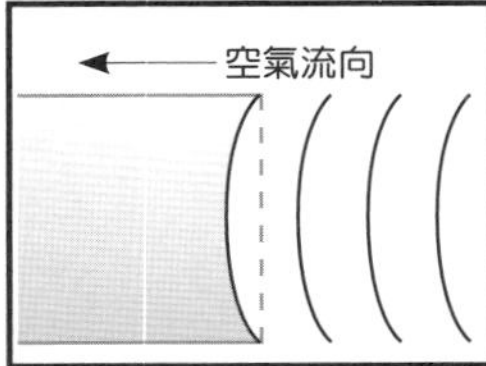
空氣流向

一敲太鼓，鼓皮就會產生劇烈的振動。鼓皮往下陷，周遭空氣受到了拉扯，形成「疏」的狀態。

空氣受到擠壓而變「密」

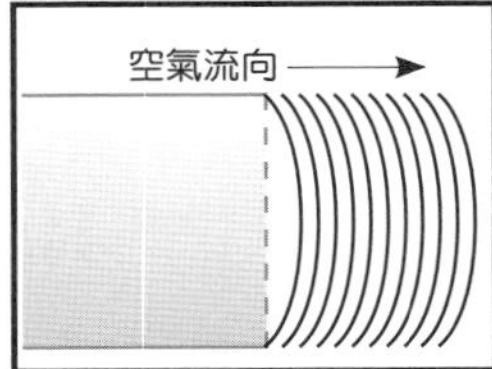
空氣流向

相反的，當鼓皮往上凸，就會將周遭空氣往上擠壓，提高空氣密度，形成「密」的狀態。

重複「疏」「密」狀態就會發出聲音

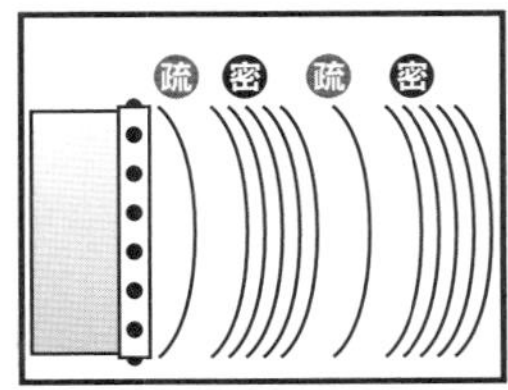
疏
密
疏
密

不斷重複疏與密就會形成振動，透過空氣傳遞。這就是我們聽見的聲音真相。

聲音擴散、吸收，最後消失

聲音會往遠處傳遞，然後變得越來越弱。最後被物質吸收，消失無蹤。

大腦才是聽見聲音的器官，真的嗎？

聲音會在耳朵轉換成電子訊號傳遞至大腦

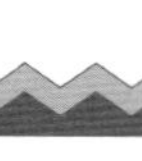

人利用哪個器官聽見聲音？如果有人這麼問，相信所有人都會回答「耳朵」。雖然這個答案不能算錯，但也不能算對。耳朵真正的作用是捕捉空氣振動，將其轉變成電子訊號傳達至大腦。換句話說，實際聽到與察覺聲音的器官是大腦。若照單全收周遭發出的所有聲音，人就會隨時處於雜音風暴之中。大腦會篩選重要的聲音產生知覺，讓我們過著舒適愉快的生活。

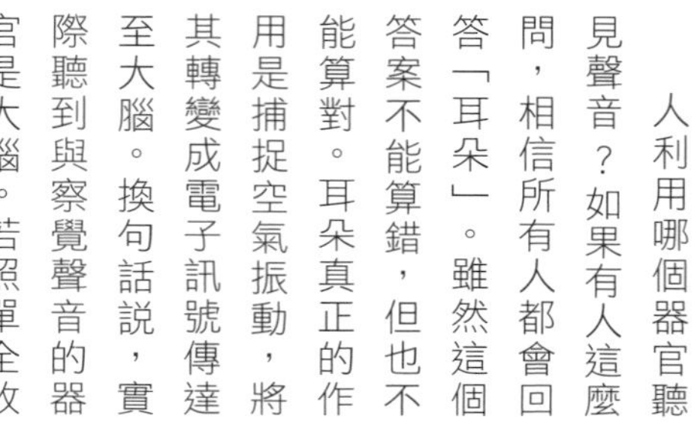

人類耳朵的作用機制

耳殼
前庭・三半規管
前庭神經
耳蝸神經
聽小骨
外耳道
鼓膜
耳蝸（耳蝸管）
內耳
中耳
外耳

聽見聲音的系統

耳殼 其形狀凹凸不平，可以從四面八方收集各種聲音。

←

鼓膜 厚度零點一公釐的膜。配合進入耳朵的聲音產生振動。

←

聽小骨 由三塊小骨頭構成。可調節聲音強度，傳送至內耳。

←

耳蝸 將傳送進來的振動，轉換成電子訊號。

←

神經 將電子訊號傳送至大腦顳葉的聽覺區。

←

大腦

刮黑板產生的刺耳聲接近小提琴的聲音？

大腦是聽見聲音的器官，我們真正聽到的是在大腦處理過的聲音。因此，我們聽到的聲音與空氣的振動聲不太一樣。

聲音大小即是其中一例。當我們敲太鼓時，敲得越大力，聲音就越大。此聲音強度稱為「聲壓」，由於大腦在產生知覺的過程中會調整過大音量，因此並非聲壓達到兩倍，人就會聽見大聲兩倍的聲音。

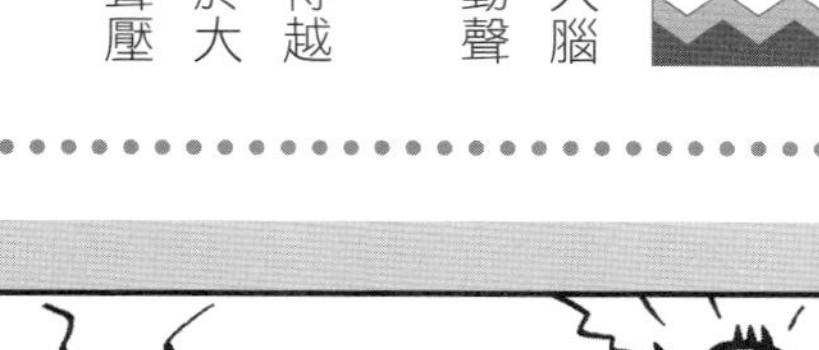

▲小提琴的音波形狀很平緩，刮黑板的聲音出現許多不規則歪斜，即使如此，整體形狀驚人的相似。

大腦也是分辨悅耳與刺耳聲的器官。若從聲壓與頻率（每秒產生的空氣疏密重複次數。數值越大，音調越高）的角度觀察，所有聲音都能以「波狀圖」表示。大家知道嗎？刮黑板產生的刺耳聲，其音波形狀竟然與悅耳的小提琴聲相近！明明音波形狀相近，給人的印象卻天差地遠，這也是大腦所引起的不可思議現象之一。

▶除了小嬰兒的哭泣聲之外，女性的尖叫聲也差不多是四千赫茲。由此可見，人最容易聽見緊急狀況的聲音。

進一步調查人類最容易聽到的音頻高度，就會發現一件有趣的事情。人類最容易聽見頻率四千赫茲的聲音（每秒空氣疏密重複四千次的聲音），剛好與小嬰兒的哭泣聲相同。換句話說，人最容易聽見像小嬰兒哭泣等的重要聲音，令人不禁感佩大腦的結構。

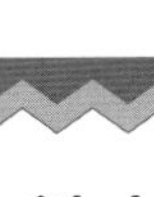

大腦會「修復」聲音 創作出實際上不存在的聲音

大腦為了辨別聲音引發的不可思議現象，不斷發生在日常生活的對話中。

大腦不會一字一句的聽進對方說的話，大多數的狀況都是因應對話內容，自行在腦中創作出「應該聽見的聲音」。

以早上的「早安」以及晚上的「晚安」為例。當兩個人互相問候時，其中一個人只說「早……」或「晚……」，另一個就會在腦中預測對方接著會說「……安」或「……安」。即使對方發音不正確，或其他地方突然發出巨大聲響中斷對話，聽的人還是會聽見對方說了「早安」或「晚安」。因大腦預測而引起的此現象稱為「語音修復」。

▶大腦的「語音修復」功能可讓日常對話更順利，相當方便。

此外，曾有電視節目做過一個實驗，配合外國歌曲的歌詞播放發音近似的日語影片，看的人受到視覺影響，以為自己聽到的歌曲如影片般所示，唱的是日語歌詞。不曉得大家是否也有相同經驗？

其實這也是一種「語音修復」。大腦會綜合判斷視覺與聽覺，進而感受音樂，正因如此才會出現這樣的現象。

特別專欄

每個國家的動物叫聲都不一樣？

小狗的叫聲是汪汪！但好像只有中文如此認為，到國外去，會發現每個國家都有自己的擬聲詞。每個國家對於動物叫聲的表現真的是天差地遠。

	小狗	小貓	公雞
中文	汪汪	喵	咕咕咕
日文	wonwon	nya	kokeikoko
英文	woof	meow	cock-a-doodle-doo
德文	wauwau	miau	kikeriki

無聲世界

臭小子
好痛

光與聲音魔法帽Q&A

Q 有風與無風的時候，聲音的傳遞速度會改變嗎？ ①會 ②不會

外面的微風很涼爽，
把窗戶打開吧！
※魔音~~

哇啊！快住手！

今天的風向不對，把胖虎的歌聲傳過來了！

※關上

如果常聽那種歌聲，一定會短命的。
呼~~

他好像要在附近開演唱會，要我們大飽耳福聽那難聽的歌聲。

得想想辦法才行……

有了！

胖虎心之歌
天才歌手剛田武個人演唱會
終於到了這一天！
演唱會從三點開始，大家都要來喔！
我們一定會參加的。
好期待你的歌聲呢！
不來我就給你們好看！
我全身都起雞皮疙瘩了。
哆啦A夢～
快點！
趕快按照之前的計畫……
我馬上拿出「如果電話亭」！

①會。聲音會乘著風往前行，從順風處往前，會讓聲音的傳遞速度變快。

只要進入
無聲的世界
就可以了。

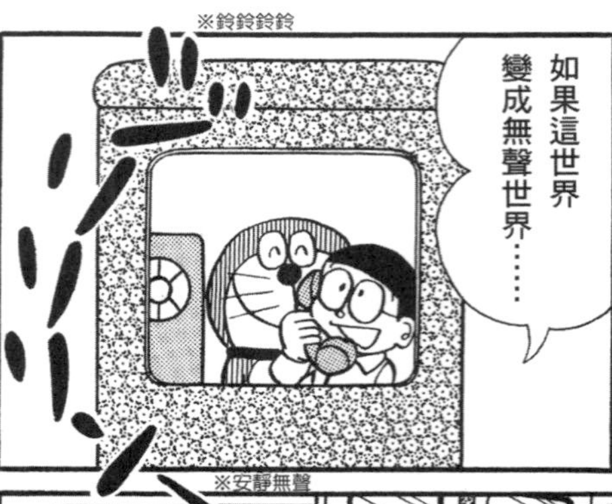
如果這世界
變成無聲世界……
※鈴鈴鈴鈴

※安靜無聲

……
……
……

對了，
即使說話
也聽不見
喔！

這樣一來
就沒問題了。

可以安心
睡午覺，
等三點。

光與聲音魔法帽Q&A

Q 光靠耳朵就能聽出正確音高的人具有何種能力？ ①絕對聽力 ②絕對音感 ③絕對音準

A

②絕對音感。擁有這項能力的人不只是樂器，還能聽出所有物品發出的音高。

好安靜，可以好好的睡一覺。

大雄…

大雄！
大雄!!

大雄
？

什麼事？

你放學回來就無所事事，
作業都寫完了嗎？
媽媽又要唸我了。

你要好好唸書啊！

唸書啊！
這是什麼意思？

都怪你不好好用功，連這個字也不認識！

被媽媽罵得好慘！

在沒有聲音的世界也不好受。

話說回來，還真安靜呢！
好像走在深夜的街上一樣。
心情可以放輕鬆。

好危險啊！
完全沒有任何警告的聲音。

走路必須要注意前後才行。
不能悠哉的散步。

啊！是老師。

光與聲音魔法帽Q&A

Q 赤道與北極的音速何者較快？

①赤道 ②北極點 ③兩者相同

A

①赤道。温度也會影響聲音的傳遞速度，越温暖的地方速度越快。

要有禮貌，快打招呼！
可是我沒有帶紙筆出來啊。
出門一定要把紙筆帶在身上。
你子女！
你子女！
你好！
0分
無聲世界也不太好。
等演唱會一結束，就回復原狀吧！
妳在做什麼？
我好害怕聽胖虎的歌聲。
聽不見的，不用擔心！

期待好久！
拍手！
嗶——

我的愛就像~~

好奇怪喔！難聽的歌聲，光是看字都會起雞皮疙瘩。
嗚啊~~

對了！

只要拿掉眼鏡，就什麼都看不見了。

原諒我！
對不起。
好痛喔！
嗚~

可惡!!
被發現了……

音速不僅限於一馬赫？

在沒有
聲音的
世界
也不好受。

聲音傳導物質（介質）不同 聲音速度也會跟著改變

「馬赫」是速度單位，你可知道這個單位是從音速來的嗎？聲音在空氣中每秒前進三百四十公尺，這個速度就是一馬赫。熟記這一點，在外面突然遇到大雷雨也無須擔心。光速為每秒三十萬公里左右（一秒繞行地球七圈半左右的速度）。只要知道從看到閃電的那一刻，到聽見打雷聲為止共經過幾秒，就能計算出自己與閃電的距離。假設為十秒鐘，距離約為三點四公里；如為五秒就是一點七公里左右。發現自己離閃電太近時，請務必立刻躲進建築物裡。

聽聲音就能知道閃電離自己有多遠。

話說回來，每秒三百四十公尺是聲音在空氣中前進的速度。事實上，除了外太空這類真空環境之外，聲音都能在空氣中、水中、地面和地底等地方傳遞。無論是氣體、液體或固體都沒問題。此外，當傳遞聲音的物質（說得專業一點就是「介質」）改變，聲音的傳遞速度也就會跟著改變。

舉例來說，你是否有試過潛入游泳池敲牆壁，敲出的聲音有很奇妙的距離感？你又是否看過古裝時代劇或諜報電影裡的登場人物，將耳朵貼著地面，聆聽遠方聲音的場景？這是因為聲音在液體與固體中傳遞的速度，比在空氣中快的關係。

總而言之，聲音的特性就是在越輕盈的氣體與越重的固體中，前進速度越快。

【不同介質的聲音速度】

媒介	音速
空氣	340m/秒
氦	970m/秒
水銀	1450m/秒
水	1500m/秒
冰	3230m/秒
鐵	5950m/秒

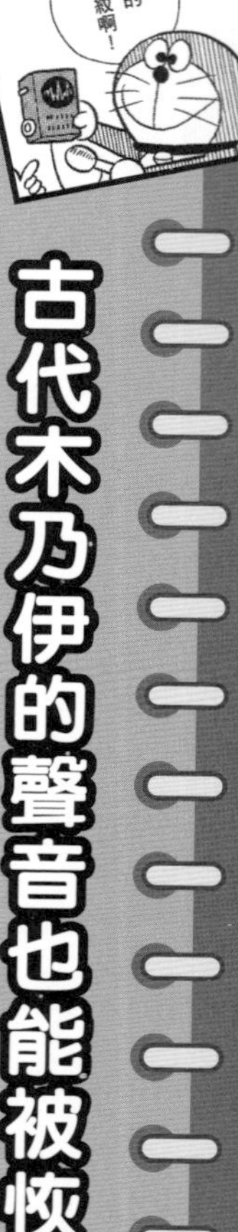
你的聲紋啊！

古代木乃伊的聲音也能被恢復？

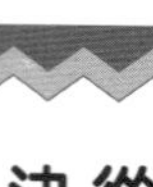

從聲帶到嘴脣的所有器官決定一個人的聲音

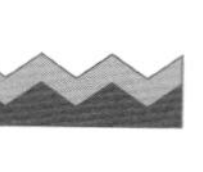

在此問大家一個問題。假設現在挖到一具完整的古代人頭骨遺骸，或保存狀態良好的木乃伊，是否可以進行修復，發出原有聲音？如果是恢復到某種程度，這個問題的答案是可以的；若是精準重現，答案則是否定的。為什麼會有這樣的差異？在說明理由之前，一起來了解人類的發聲機制。

▲男性、女性、小孩、老人。些微的特性差異，形成截然不同的聲音。

請參閱下圖說明。從肺部吐出的空氣使得聲帶振動，進而帶動咽頭、鼻腔與口腔共振發出聲音，這就是我們的說話聲。光看這樣的說明，似乎會覺得恢復聲音並非那麼困難的事情。不過，這個想法大錯特錯。這個世界上的人類多如繁星，卻找不到說話聲音相同的兩個人。這是因為聲音會受到聲帶到嘴脣一連串器官影響，包括氣管粗細、舌頭長短、齒列狀況、肌肉生長狀態等。只要稍微不同，就會大大改變音質。無論木乃伊的保存狀態如何良好，也不可能完美重現其在世

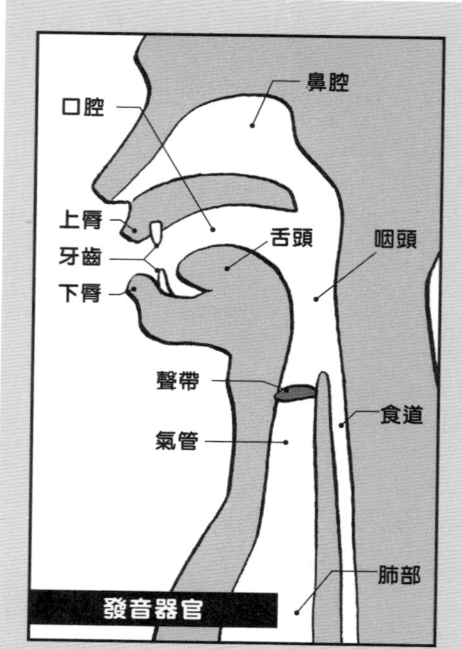
鼻腔
口腔
上脣
牙齒
下脣
舌頭
咽頭
聲帶
食道
氣管
肺部
發音器官

時的肌肉組成。因此，即使想要恢復聲音，也很可能修復出與本人完全不同的聲音——雖然木乃伊無法對這件事提出任何異議。

順帶一提，這個世界上有許多善於模仿他人聲音的人，有些人真的模仿得維妙維肖，只要強化特色，再搭配臉部表情，加深聽者印象，就能讓人感受到比實際上更逼真的聲音。利用聲紋分析的科學方法（請參照左方「聲紋調查方式」），與當事者比較聲音的個人特性，就能看出明顯差異。科學數據無法像人腦一樣自動修復。此外，聲紋分析也運用在警察搜查上，有助於逮捕犯人並遏止犯罪。

聲紋調查方式

頻率

聲壓

時間

▲聲音頻率會隨著時間逐漸變化，詳細分析即可清楚辨認當事者的個人特色、性別與年齡。

九官鳥爲什麼能模仿人的聲音？

即使是智能僅次於人類的靈長類動物，例如黑猩猩，也無法說話，可是，九官鳥卻能模仿人類說話，這究竟是怎麼一回事？事實上，這與智能高低無關，而是發音器官的結構問題。黑猩猩的咽頭容積比人類小，舌頭無法自由活動，無法形成聲音通道，發出有意義的詞彙。正因如此，即使進化出比人類更聰明的黑猩猩，牠也無法說話。

另一方面，九官鳥的鳴管相當於人類的聲帶，從鳴管到鳥嘴的長度約十一公分，與人類兒童的發音器官幾乎一樣長。鳴管到鳥嘴反覆伸縮，就能發出接近人類的聲音。

攝影／田島正

▲九官鳥，會模仿人類說話，所以是很聰明的鳥？

雖然我沒有任何長處，唯一有自信的就是我的歌聲。

人為何聽到音樂會感動？

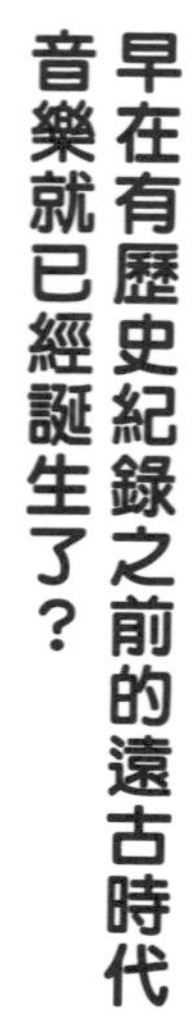

早在有歷史紀錄之前的遠古時代音樂就已經誕生了？

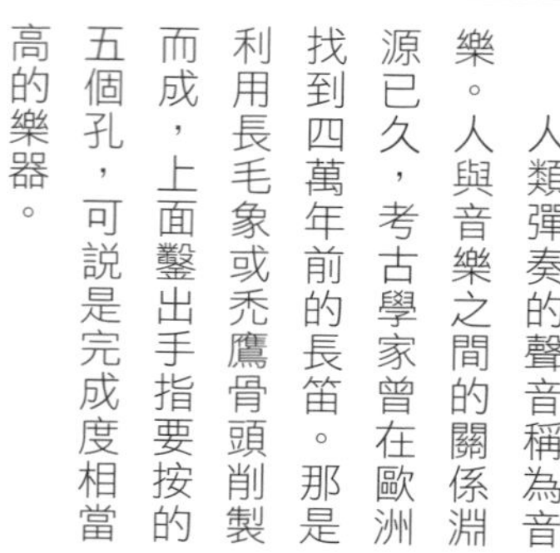

人類彈奏的聲音稱為音樂。人與音樂之間的關係淵源已久，考古學家曾在歐洲找到四萬年前的長笛。那是利用長毛象或禿鷹骨頭削製而成，上面鑿出手指要按的五個孔，可說是完成度相當高的樂器。

四萬年前是我們人類（智人）開始發展出文明的石器時代，由此可見，音樂是人類最古老的文化活動。

順帶一提，同一時期生活在歐洲大陸的史前人類（尼安德塔人），不久後就滅絕了。有一派學說認為，兩大種族命運的分歧點就在於會不會演奏音樂。

Do Re Mi Fa So La Si Do……決定音階的規則是什麼？

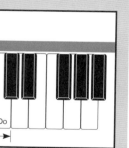

Do# Re
Re# Mi
Fa# So
So# La
La# Si
Do
Re
Mi
Fa
So
La
Si
Do
一個八度

話說回來，為什麼音樂能讓人感到心情愉悅？簡單來說，人（大腦）喜歡具有固定規律的聲音，不喜歡毫無規律的雜音。音樂就是將Do、Re、Mi、Fa……等音階一個個組合起來，這些音階皆遵循固定法則串連在一起。

請大家看一下上方的鍵盤圖說。將「Do」的頻率增至兩倍，剛好是高八度的「Do」（從

「Do」到高八度的「Do」為一個八度），直到前一鍵「Si」為止，黑白鍵加起來共十二個。事實上，現代音樂就是將一個八度的頻率寬度均分成十二等分，這就是音階的由來。

此處刻意指出「現代音樂」，是因為每個時代流行的音樂不同，為了創作出當時認為好聽的音樂，人們會調整音階變化。現代音樂將音階分成十二等分的做法，在音樂用語上稱為「平均律」。

比起完美無缺的音樂 人們更喜歡有些缺點的音樂

距今三十年前，名為合成器的電子樂器蔚為風潮。合成器是一種可控制音樂數據，以人工方式創作出各種聲音的機器。

不過，一般人不太喜歡這種過於精準純粹的聲音，因此這股熱潮很快就退燒了。一般樂器發出一個音之後，無法保持固定強度和頻率，一定會出現偏離原本音準或強度減弱的狀況。由此可見，人們想要的不一定是機械式的完美音樂。

音樂會大大影響 影像風格

欣賞恐怖電影，耳邊傳來充滿緊張感的背景音樂時，會讓人感覺更加恐怖。強勢緊湊的背景音樂會強調動作場景的震撼性。音樂與影像互相調和，讓閱聽者感受到更強烈的印象，這樣的現象稱為「共鳴現象」。音樂具有左右影像風格的深刻影響力。不過，影像卻不太會改變音樂風格。由此可見，在共鳴現象中，音樂的重要性高於影像。

特別專欄

透過訓練可以改善音痴？

因發音問題成為音痴的人，只要鍛鍊聲帶肌肉就能調整聲音強弱與高低。不過，如果是無法聽出自己唱得準不準，那就很難治療了。

不管什麼時候，
他的歌聲都好可怕……

▲ 胖虎的問題究竟是聲帶還是聽力？

迴音山

我回來了。

作業呢？

沒寫完，不准出去玩喔！

被說成那樣，真令人生氣!!

當然沒心情寫啦！

哆啦A夢又剛好不在，

先來睡一下午覺吧。

Q 如何才能知道剛剛打的雷距離自己有多遠？

快去寫作業！

不用功只會偷懶，長大後沒出息喔。
是哆啦A夢的聲音。

你在哪裡？快出來。
找也沒用，

快點去寫作業！

寫就寫！可是感覺真不舒服。

喔！在寫作業啊！
時間抓得剛好對吧？

這是預先設定好的，在你回家時要對你說的話。

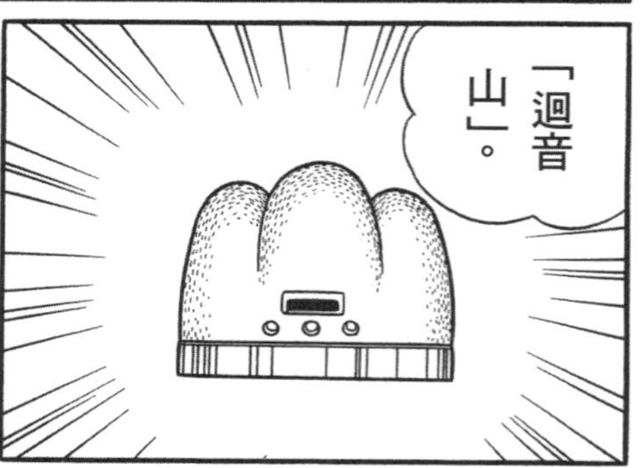
「迴音山」。

對著山大喊不是會有迴音嗎？這是利用相同的原理製作出來的道具。

A 從閃電那一刻開始數秒至聽到雷聲。由於聲音每秒大約前進三百四十公尺，只要知道閃電與打雷相隔幾秒，就能計算出概略距離。

呀─呵！

呀─呵！

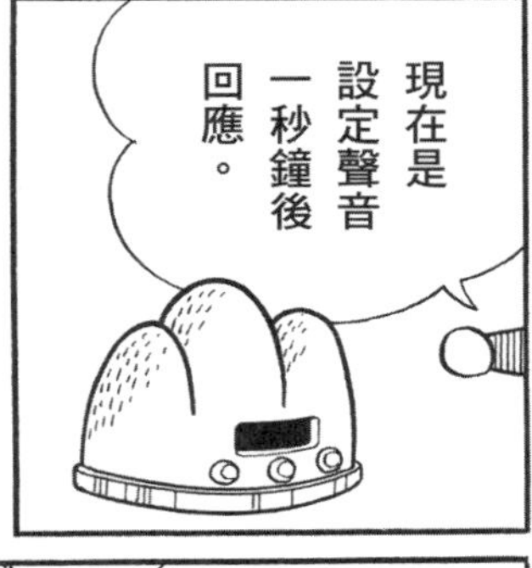
現在是設定聲音一秒鐘後回應。

還可以設定時間啊？
二十四小時之內都可以。

那比方說，今晚先喊「起床囉！」

明天早上就會像鬧鐘一樣叫醒我囉？
沒錯！

拿給大家看看。

作業寫好了嗎!?

又沒說不寫，
只是想先玩一下而已不行嗎？

光與聲音魔法帽Q&A

Q 在地面感受不到的地震，若在高樓大廈等大型建築物中，就會感受到強烈震度。這是真的嗎？

好！調整到五分鐘後回應。

我要去玩囉！

然後調到十分鐘。

我出去玩了！

十五分鐘後再設定一次。
我要去玩了！
？

我要去玩囉！

不可以！
ダダダ

※噠噠噠

A 真的。地震週期從數秒到二十秒的長週期地震，容易引起大型建築物共振（共鳴），造成災情。

我一直都在二樓啊。

嗯？
聲音是從門口傳來的啊…

我出去玩了！

溜得…還真快啊……

這次逮到了吧!!
ダダダ
※噠噠噠

可能是太累了吧…

誰溜得還真快啊？

我要去玩了！
……
……
等等……
有事嗎？媽媽。
好像有點發燒。
我們走囉！
「迴音山」？
耶～好像很好玩！
你們打算怎麼用它？
可以拿來做不在場證明之用。
見面不好意思說的話，用這個就……

光與聲音魔法帽Q&A

Q 水果攤老闆挑選西瓜時會輕輕拍打，從西瓜表面的硬度得知西瓜甜不甜。這是真的嗎？

A 假的。這麼做是根據過去的經驗，確認西瓜果肉是否飽滿。

先痛罵胖虎一頓以後，今晚放到那傢伙的窗外…

胖虎是超級混蛋！
大音痴、笨恐龍！
貪得無厭的討厭鬼，又囂張……

喔？是罵人比賽嗎？
我也要參加。

怎麼不玩了？
沒、沒什麼啦！

※直視

ジー
還好按了消除鍵。
呼！

算了！無所謂！
我來這裡是因為…

我想舉辦演唱會，想先來個預演…
天啊～

※魔音

像颱風過境般恐怖的三小時，終於結束了。

你們一定很想繼續聽下去吧，請期待正式演出…

怎麼搞的？通通溜了。

這座山型裝飾品的造形真特別，
帶回去吧！

光與聲音魔法帽Q&A

Q 明明沒有暴風雨，海面卻突然掀起大浪，其發生原因是？ ①月球引力 ②海浪重疊在一起

A ②海浪重疊在一起。當波長與前進方向相同的海面波浪重疊在一起時，就會形成大浪。

呼啊～

※魔音
ボゲ〜

是誰!?
唱得這麼爛還半夜吵人…

是我的聲音。

因為連續唱三小時，迴音也會播放三個小時。

三小時，
終於結束了。

存在於自然界的各種波

光線與聲音都是波的一種 人的視覺與聽覺可以感受波動

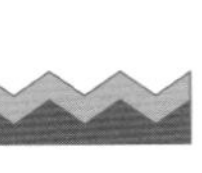

一說到「波」，我們第一個會聯想到在水面搖曳前行的波浪。

將小石頭丟入水池中，石頭落水處會往下陷，周圍水面則往上升。水面為了恢復原有狀態，往下陷的部分會往上升，往上升的部分則往下陷。上下振動的過程會形成好幾道波浪，在原本平靜的水面上呈同心圓不斷往外擴散。發生在某處的振動就是像這樣打亂周遭的穩定狀態，一個接一個的將振動傳遞出去。這個現象就是「波」。

本書解說的光線與聲音都是波的一種，人類的生活周遭充滿各種波。我們靠視覺感受光波、靠聽覺感受音波，藉此察覺身邊發生的事情，處理各種資訊。不僅如此，人類利用電波等各種波，發展通訊與傳輸技術，與全世界連結。科學家也透過實驗證實，在原子和基本粒子的微量世界中，許多現象都與波有關（量子力學）。若說這個世界所有事物都與波緊密相連，一點也不為過。

▼下圖為波的基本要素。「振幅」是波的振動幅度，「波長」是波的最高點波峰與波峰之間的距離。波振動一次所需的時間稱為「週期」，每秒振動次數稱為振動數（頻率）。由於波振動一次只往前進一個波長的距離，因此「頻率 × 波長＝波的速度」。

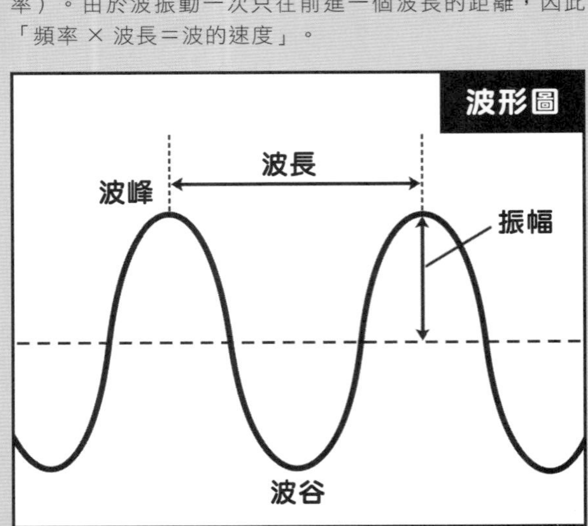

波形圖
波長
波峰
振幅
波谷

插圖／加藤貴夫

插圖／加藤貴夫

橫波

縱波

▲ 波分成振動方向各異的橫波與縱波。

光波與音波差異甚大？

光線與聲音都是波的一種，也都能以波狀圖（請參照前頁）表現。以聲音為例，振幅越大，聲音（聲壓）越大，波長越短，聲音越高。以光線（可見光）為例，振幅越大越明亮，波長不同，呈現出來的顏色也不一樣。

雖說同為波的一種，但光線與聲音有許多不同之處。波分成橫波與縱波（請參照上圖），拿著繩子兩端往上下或左右晃動時，形成的就是橫波。波往前進方向垂直振動。另一方面，拿著螺旋彈簧兩端前後振動時，彈簧會重複伸縮動作，將波往前傳送。這類往前進方向平行振動的波稱為縱波。

聲音是在空氣等媒介中重複形成疏密狀態、產生振動的縱波。相對於此，光線是透過電場與磁場的連鎖振動、往前行進的橫波。除此之外，還有另一個不可忽視的差異，音波需要傳遞波（振動）的媒介，光不是靠物質振動傳遞的波，不需要媒介，這就是太陽光可以穿過外太空，抵達地球的原因。

特別專欄

地震引起的波如何傳遞？

對人類而言最難處理的波是地震。地震是地底岩盤破壞（斷層活動）引起的巨大振動，這股能量轉化成震波在地底前進，進而搖動地表。

震波分成縱波的 P 波（初期微波）以及橫波引起巨大搖晃的 S 波（主震），P 波的傳遞速度約為 S 波的兩倍。日本氣象廳的「緊急地震速報系統」就是利用這項特性開發而成。立刻解析先傳遞至地表的 P 波，在緊接而來的 S 波到達前，透過電視與行動電話公開發出地震快報。

光與聲音都具備波的特性，其共通點是……？

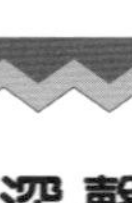
呀—
呵！

聲音和波一樣會反射和轉彎 深入研究聲音的不可思議特性

先前已經介紹過光線照射到物質時，部分光線會在交界處反射，剩下則會折射、透射或被物質吸收。聲音也會產生相同現象，「山谷回音」就是最為人所知的反射例子，在隧道和地下道也能感受到聲音的反射現象。比較特殊的反射範例則是日光東照宮內本地堂（藥師堂）的「鳴龍」。只要用手敲一下畫著龍圖案的天花板就會發出高頻聲，彷彿龍在鳴叫一般，這是聲音在天花板與地板之間來回反射所產生的結果。

折射光改變前進方向的現象，常見於光線照射至水杯裡時。基本上，聲音與光線都具有往前直行的特性，一旦遇到不同媒介的交界處，或同物質不同溫度等改變音速的條件，就會在交界處產生折射。例如白天在郊區聽不見列車行駛的聲音，在夜晚卻能聽得一清二楚。這就是大氣溫差引起的聲音折射最好的例子。白天在太陽照射下，地面相當溫暖，越接近地表大氣溫度越高，聲音會持續往上空折射；在太陽西下後，地表的氣溫會逐漸降低，一到晚上，越往地表氣溫越低，聲音就會往地表折射，這就是晚上可以清楚聽見遠方聲音的原因。

▼即使遇到障礙物聲音還是會環繞傳遞（繞射），波長較長的低音較容易傳遞。

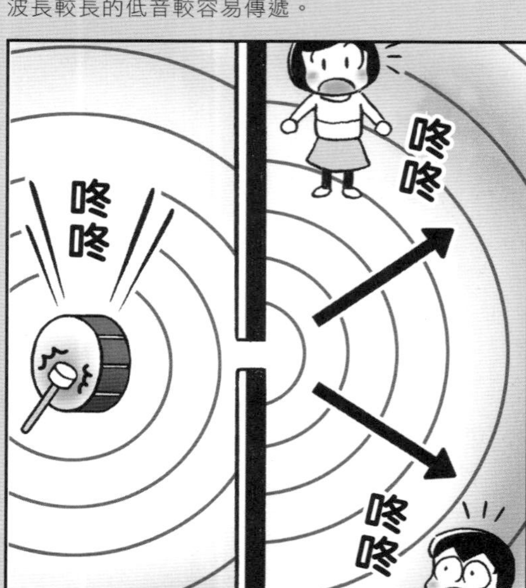
咚咚
咚咚
咚咚

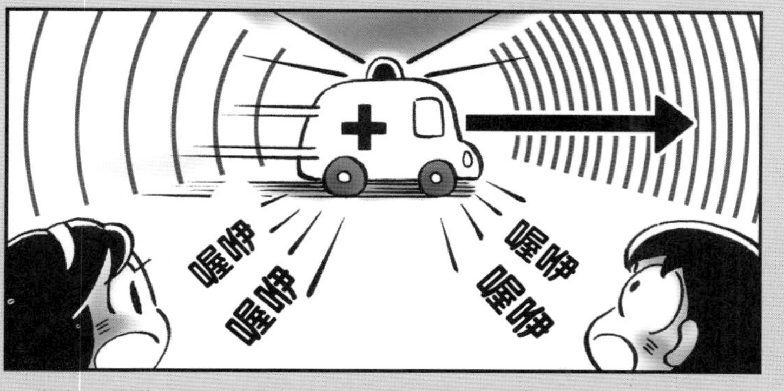
喔咿
喔咿
喔咿
喔咿
▲ 當音源移動，音源前後的波長就會改變，聲音聽起來便會不一樣（都卜勒效應）。

為什麼我們聽得見圍牆另一邊的聲音？

不只反射、折射與透射，光還會產生繞射、干涉等現象。繞射是指穿過縫隙後，波形呈扇狀擴散或圍繞在暗處的現象。波長越長，繞射效果越大，而且最容易發生在縫隙大小比波長短的情形。正因為如此，我們很少在日常生活中看見光（波長約在四百到八百奈米的可見光）的繞射現象，但如果是波長較長的聲音（人類能夠聽見的聲音波長約為一點七公分到十七公尺），即使隔著圍牆也能聽見對面的聲音，體驗繞射的效果。另一方面，以光的族群（電磁波）為例，行動電話使用的電波（極超短波，波長在十公分到一公尺之間）傳遞方式，也與聲音在空間中的傳遞方式雷同（關於「干涉」的內容請參照第九十至九十一頁解說）。

都卜勒效應是大家最熟悉的聲音特性。當救護車與警車越靠近我們，警報聲的音調聽起來就會越高；越遠離我們時，聲音聽起來就會越低。這就是車輛移動使得聲音接近我們時波長變短，遠離我們時波長變長所帶來的結果。

特別專欄

當物體移動速度超越音速時，會產生什麼結果？

都卜勒效應是音源移動時產生的現象。當音源移動速度超過音速（每秒 340m＝1 馬赫）時，又會導致什麼結果？

目前已有飛行速度超越音速的噴射機，當噴射機達到音速，音波便無法往前傳遞，停滯不前，這股能量累積到一定程度就會產生「衝擊波」。當衝擊波傳遞至地表，會產生足以震破玻璃的巨大爆炸音（聲爆），破壞力不可忽視，這是駕駛超音速噴射客機的一大障礙。

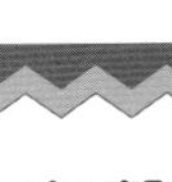

聲音與光線的波的特性有利於技術開發

前頁介紹的都卜勒效應不只發生在聲音，光線也有相同現象。觀測遠方天體時，受到都卜勒效應影響，離地球很遠的天體往地球發射的光線波長較長，看起來就是紅色的；接近地球的天體看起來偏藍。這個現象能讓我們了解天體與地球之間的相對性運動。

此外，電波的都卜勒效應最常運用在氣象觀測用的雷達（利用雨滴掌握雲的動向），以及取締汽車超速等事務上。

另一個廣泛運用波的特性研發而成的新技術就是光纖（請參閱第六十六頁）。

事實上，人類自古便廣泛運用聲音的都卜勒效應，設置在船艙中用來互相連絡的傳聲管就是一例。船員對著設置在船內各處的傳聲管管口說話，聲音就不會擴散，直接透過管內空氣傳送到遠處。某些軍艦直到今日還有傳聲管，就是為了避免船上電子通訊設備失效時，無法對內溝通。

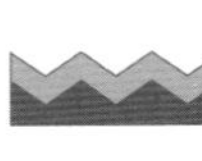

特別專欄

地震波揭開了地球內部構造

沒有人真正看過半徑約 6400 公里的地球內部長什麼樣子，不過在地底傳遞的地震波，幫助人類了解地球的內部構造。

根據世界各地的地震儀觀測結果，地震產生的地震波在地球內部不同層前進時，不只會改變速度，也會產生反射或折射等現象。進一步分析相關數據就能釐清結構。近年來透過設置在海底的地震儀進行觀測，或利用超級電腦詳細解析，亟欲解開地函的溫度構造與對流現象等謎團。

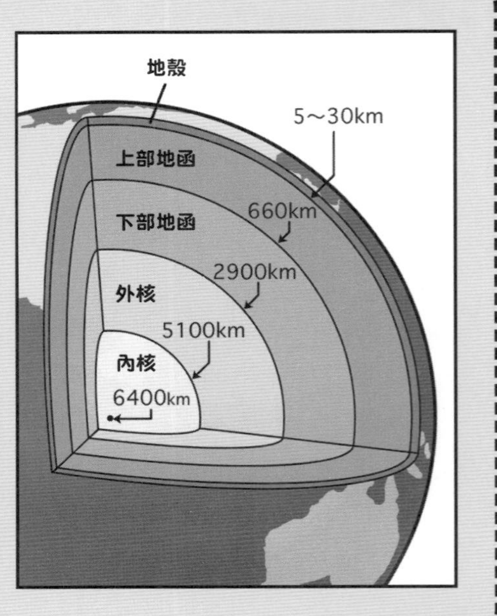
地殼
5～30km
上部地函
660km
下部地函
2900km
外核
5100km
內核
6400km

插圖／加藤貴夫

傳聲大砲

靜香，
我只
告訴妳喔！
我發現
一個長滿
覆盆子的
地方喔！

在
哪裡？
快告訴
我們！

再說
吧……

太過分了，
居然想
獨占。

喔～～
在後山有
結實纍纍、
飽滿多汁的
覆盆子嗎？

要是
告訴胖虎
他們，
會全
被他們
搶光。
沒錯！
絕對
不可以
告訴他們。

先打電話
和靜香約好
怎麼碰面！

※鈴鈴鈴

光與聲音魔法帽Q&A

Q 同時彈好幾個鋼琴琴鍵時，會發出愉悅音調的琴鍵組合稱為？

①泛音 ②協和音 ③複音

A ②協和音。有些音調結合起來會給人愉悅感，有些則會令人感到不舒服。令人不舒服的音調組合稱為不協和音。

部長，您好～承蒙您平日的關照。
很不巧，我先生他一大早就去釣魚了…

是…是…真抱歉，目前聯絡不上……
真是不好意思。

真糟糕…再怎麼急，河邊也沒電話啊……

對了！可以用那個。
？

「傳聲大砲」。

可以把聲音傳給在遠方的人。

※瞄準

先找出爸爸的位置…

グ グーッ

找到了。

光與聲音魔法帽Q&A
Q
取名自電話發明人貝爾，且與聲音有關的單位是哪一個？
①Hz
②Pa
③dB

※喀嘰
カチ

爸爸，部長有急事找你，
請快聯絡。

※轟
ブウン

※發射
ポン
ポン

啊！穿過牆了…
因為是聲音嘛。

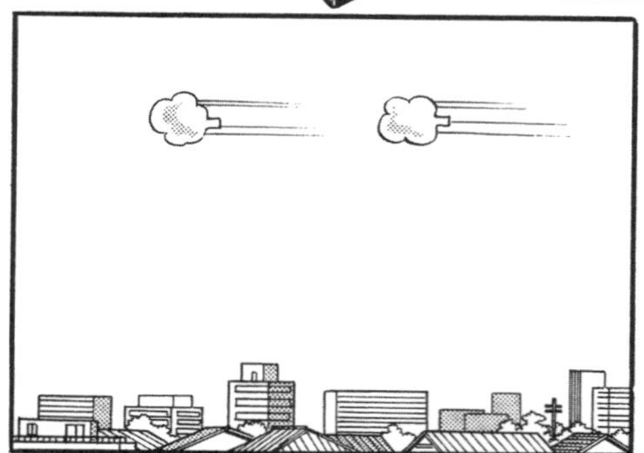

A ③dB。dB是表示聲壓強度的單位，B取自貝爾的名字。

※碰
爸爸，部長有急事找你，
請快聯絡。
喔！是嗎!?
可能是去找電話了。
聯絡上了。
太好了！
對了，用這個跟靜香……
グ・グー
※瞄準
找靜香。
找到了～
靜香，
我們要去採覆盆子了，先到我家來。
ポ
※發射

※碰

靜香，
我們要去採覆盆子了，先到我家來。

你看，糟了！

一定和靜香約好要去那裡了。
守在這裡準沒錯。

這下不妙了！
要趕快叫靜香先不要出門。

不好了！已經快到了。

※發射

光與聲音魔法帽Q&A

Q 現代人和史前時代的人類，何者聽力較好？ ①現代人 ②史前時代的人類 ③兩者相同

A ②史前時代的人類。史前時代的人類生活在寧靜環境之中，科學家認為他們可以聽見一百公尺以外的窸窣聲。

那是什麼？

靜香！
現在情況不妙，
晚點再來。

奇怪…

跟在靜香後面。

他們兩個都走了。
那就好。

怎麼能讓胖虎跟小夫吃到覆盆子呢！那兩個人…
兇巴巴又愛吃，
臉皮超厚又愛欺負人，而且還很任性…

ポン
ポン
ポン

※發射

※發射

ポ
ポ
ポ
開關沒關好，剛剛說的話被送出去了！
怎麼能讓胖虎跟小夫，
吃到覆盆子呢！那兩個人…
兇巴巴又愛吃，
臉皮超厚，
又愛欺負人…
帶你們去就是了，饒了我們吧！

傳遞聲音的方法如何進化？

通訊技術以傳遞快速、距離遠為發展目標

無論面臨到何種競爭，更快速獲得越多資訊，絕對有助於取得先機。因此，人類為了將資訊（聲音）傳遞得更快更遠，無不絞盡腦汁持續發展。雖然古時候已發展出狼煙、快馬和手旗訊號等方法，但這些手段能承載的資訊量與速度都有其極限。

進入了十九世紀之後，人類陸續發展出各種劃時代通訊技術。一八三八年，美國人摩斯在實驗中利用短音「・」和長音「－」組合表達意思，成功發明摩斯密碼。一八七六年，同樣出身美國的貝爾發明了電話，實現了將聲音轉化成電子訊號，瞬間傳送至遠方的夢想。隔年，同樣來自美國的愛迪生發明聲波振記器（最早的原始錄音機）。將真正的聲音（空氣振動）圖形刻在貼著錫箔紙的圓筒上，成為史上第一個錄下聲音的機器。

以上的這些新技術完全改變了人類生活。隨著網路普及，我們正處於隨時都會產生變化的時代之中，不難想像當時人們感到困惑或期待的複雜心情。

聲音
振動板
迴轉
針
貼著錫箔紙的圓筒

麥克風將聲音轉換成電子訊號的作用機制

若要利用電波或電線傳輸聲音，必須先將聲音轉換成電子訊號，也就是將代表空氣壓力強弱的聲音轉換成電流大小。麥克風就是進行轉換的工具。依作用機制有許多轉換方法，但大多數都要通過一個小膜，亦即振膜。振膜的作用就像人類的鼓膜一樣，可以感受到聲音振動。

以動圈式麥克風為例子，就是透過內藏永久磁鐵的線圈傳遞聲音振動。當充滿磁性的空間產生振動，線圈就會根據振動的速度轉換成大小相當的電流。因此，強音、弱音、高音、低音都會轉變成相對應的電流。再簡而言之，就是麥克風會將空氣振動轉換成電子訊號。

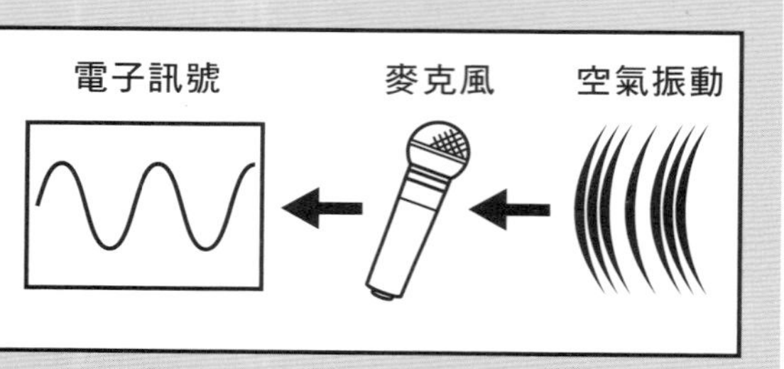

電子訊號
麥克風
空氣振動

▲ 麥克風會將聲音轉換成電子訊號並記錄下來。

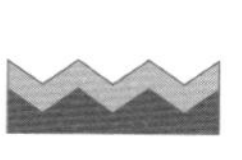
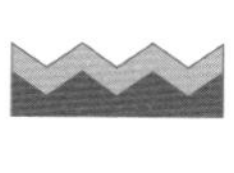

麥克風的構造（動圈式麥克風）

永久磁鐵
輸出
聲音
S
N
S
線圈
振膜
輸出

▲ 從振膜往外延伸的線圈開始搖動就會注入電流。

經過轉換的聲音透過喇叭播放的作用原理

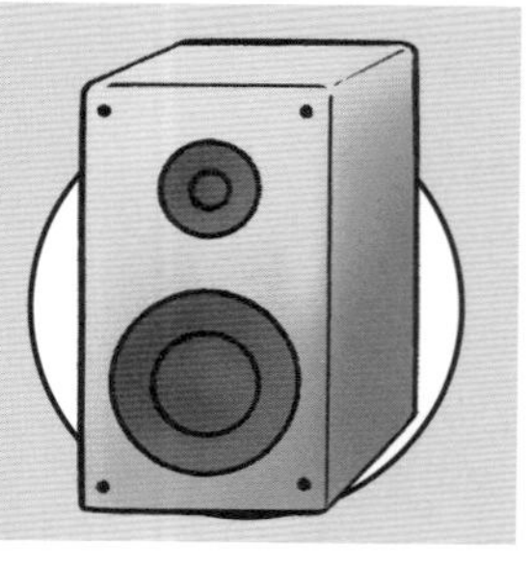

麥克風將聲音從空氣振動轉換成電子訊號之後，還要透過喇叭將電子訊號恢復成空氣振動。因此，喇叭的作用原理與麥克風幾乎一樣。喇叭裡面也有包覆磁鐵的線圈，當電流（電子訊號）通過線圈，線圈就會接收到與電流大小相對應的力道並產生振動。由於聲音是物質振動產生的結果，所以只要將線圈振動傳遞至物

質（膜片）上即可，這就是喇叭的結構。

不可諱言的，還需要搭配各種細節才能精準重現聲音。為了重現聲音廣泛的頻率範圍，喇叭膜片必須設計成可以前後振動的模樣，裝在本體上。大多數喇叭產品都有一大一小的揚聲器，這也是要注意的重點之一。輕盈且容易振動的小揚聲器適合播放高音；空氣振動面積較廣的大揚聲器，則是呈現低音最好的選擇。揚聲器之所以設計在方形箱子裡也是有原因的，這個構造可以避免聲音從後方流失，避免影響往前方發出的聲音品質。

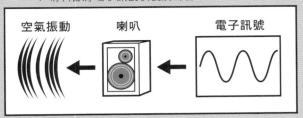

▼喇叭會將電子訊號恢復成聲音。

空氣振動　喇叭　電子訊號

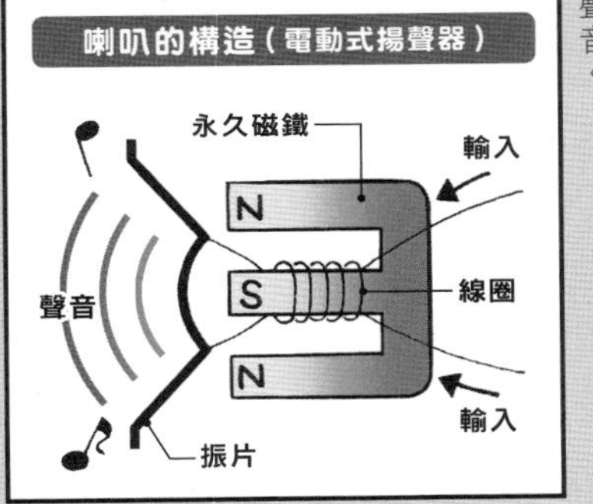
喇叭的構造（電動式揚聲器）
永久磁鐵
輸入
N
S
N
線圈
聲音
振片
輸入
◀線圈振動傳遞至振膜進而發出聲音。

聲音轉換成電子訊號傳播至全世界

聲音　衛星通訊　天線　電波（無線電視訊號）　電線・光纖　聲音　喇叭　電子訊號　電子訊號　麥克風

將聲音轉換成電子訊號，是促進通訊技術突飛猛進的主要原因。

十九世紀後半，世界各國在海底鋪設了互相連結的電線，二十世紀初成功發展無線技術，人們得以運用與電波相同的方法傳遞聲音。

如今光纖取代電線，除了運送電波，還加上衛星訊號。眾人共享準確率更高的大量資訊，徹底改變了世界。

以電波傳送聲音訊號的AM波與FM波

廣播調諧器有一個按鈕可以切換AM與FM，這代表用電波承載聲音的方式不同。AM是「調幅廣播」，也就是將真正的聲音與空氣振動圖形轉化成電波振幅，進而重現聲音的方法。FM是「調頻廣播」，將空氣振動圖形轉化成頻率並重現聲音。順帶一提，電子機器發出的雜音電波，會以振幅變化的形式呈現在廣播電波裡，因此AM波很容易產生雜音。

聲音訊號的波形

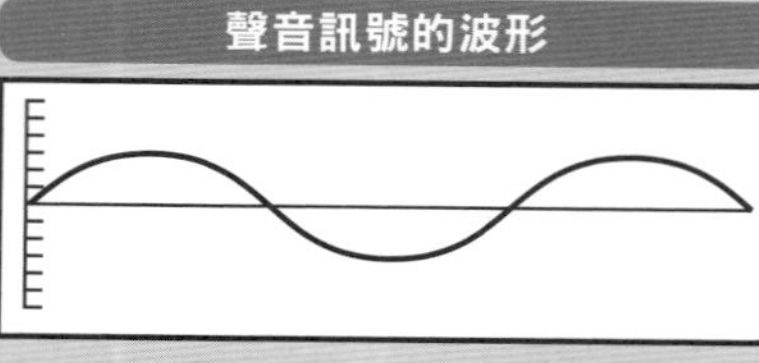

AM波的波形

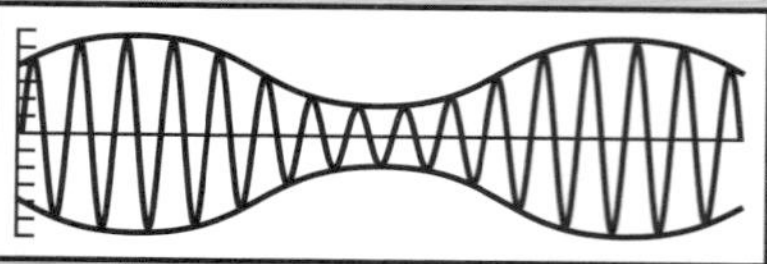

FM波的波形

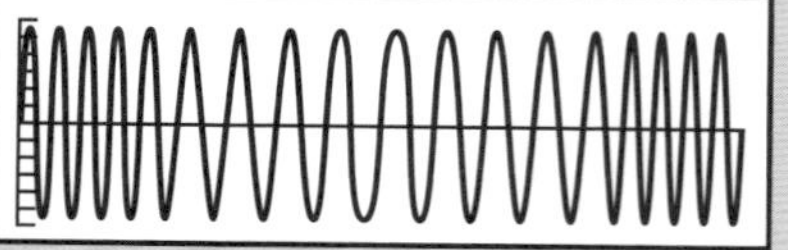

▲ 圖表的縱軸為音波振幅、橫軸是時間。AM波與FM波分別將聲音訊號的變化轉變成振幅和頻率，傳送出去。

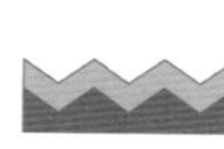

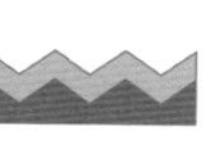

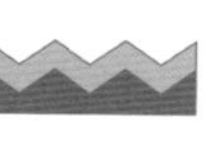

數位錄音與類比錄音有何不同？

隨著數位技術的進步，錄音與廣播的形式也從傳統的類比進化成數位方式。

但是，這兩種方式究竟有什麼不同？

類比錄音是將聲音訊號一五一十的刻在唱片的溝槽裡，或是將聲音轉化成磁性強弱不同的電子訊號，記錄在錄音帶上。

另一方面，數位錄音則是根據特定的規則，將電子訊號轉化成「零」與「一」兩種數位訊號，並記錄下來。

數位訊號的波形

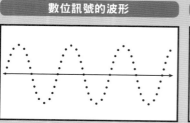

▲ 由0與1組合而成的訊號，呈現非連續波形。

類比訊號的波形

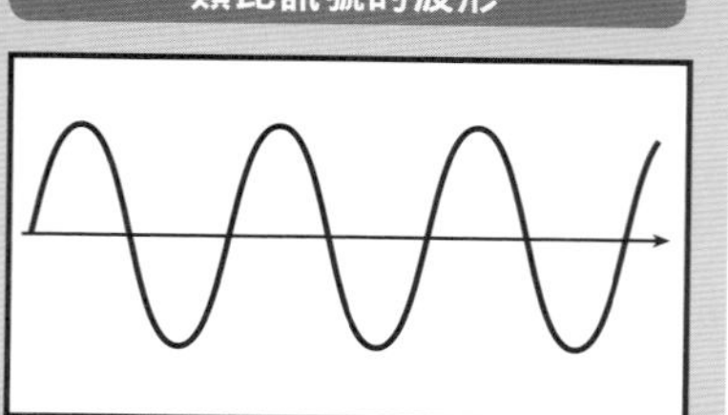

▲ 以類比方式記錄的電子訊號表現出與空氣振動相同的連續波形。

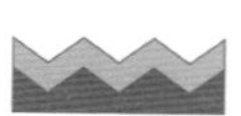

數位錄音的音質為什麼會劣化？

為了播放數位錄音的內容，必須再將零與一組成的訊號重新解讀，恢復成原本的類比訊號。為什麼這麼麻煩的數位錄音會成為市場主流？最大理由有兩個。第一，數位資訊是由零與一構成，其他數字都會被四捨五入。若音源裡參雜了零點一的雜音，原本的聲音既不會變成一點一，也不會變成零點九，而是四捨五入變成一。換句話說，音源不會改變。

第二，數位錄音可以長時間錄音。人類聽不見二十赫茲以下的低音，以及兩萬赫茲（二十千赫茲）以上的高音。數位錄音可以輕鬆去除人耳聽不見的聲音，壓縮音檔資料。這是直接錄下聲音的類比錄音無法比擬的優點。

類比錄音錄下雜音時

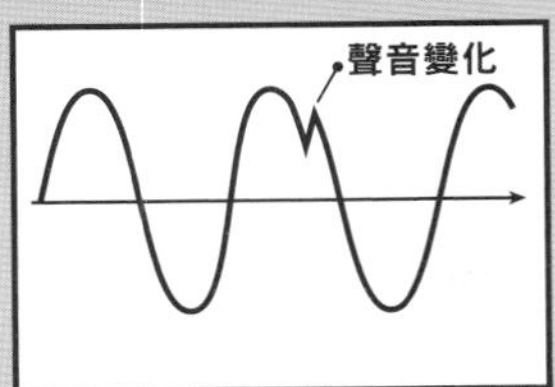
聲音變化

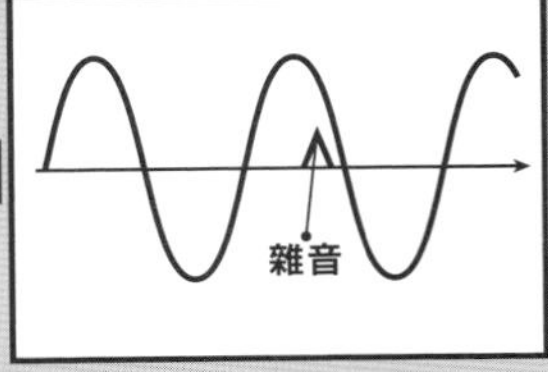
雜音

▲ 類比錄音是直接將聲音轉換成電子訊號，因此也會同時錄下雜音，改變原有聲音。

數位錄音錄下雜音時

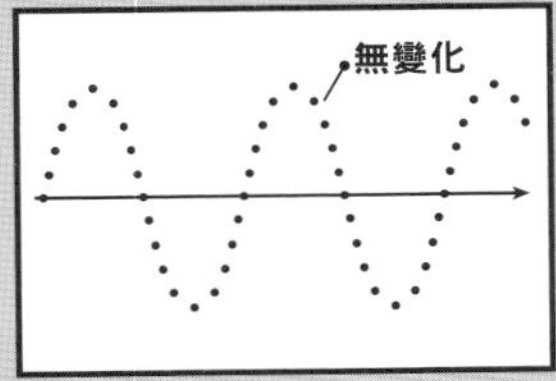
無變化

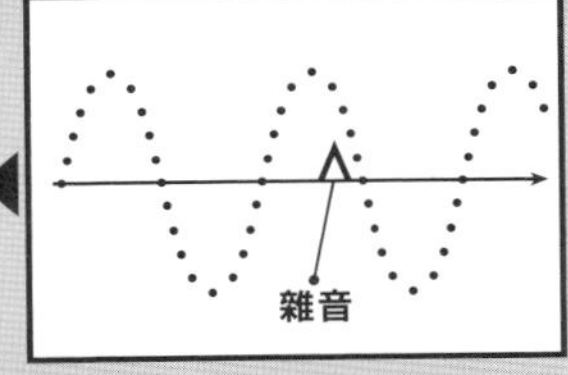
雜音

▲ 數位錄音會將雜音四捨五入，因此不會影響原有音源。

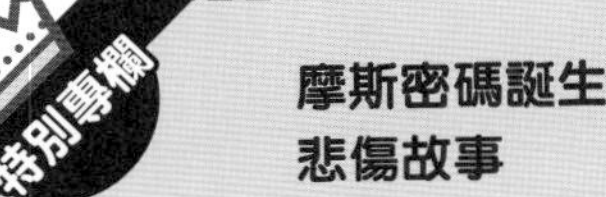
特別專欄

摩斯密碼誕生時的悲傷故事

摩斯密碼是由薩繆爾·F·B·摩斯所發明的。他年輕時是一位畫家，接受邀請遠離家鄉至康乃狄克州作畫，不料他的妻子在他離家時突然去世，而且他是在妻子過世四天後才接到通知，據說這場悲劇就是他日後發明摩斯密碼的原動力。

咚咚
呧呧呧

◀ 即使是衛星通訊發達的今日，摩斯密碼仍然是緊急狀況時，用來傳遞訊息的重要方法。

驚音波驅蟲機

氣死我了！

這些臭小子……

看到我跟看到鬼一樣。

給我記住，這個仇一定要報……

哆啦
A夢～

大雄！

先聽我說！
胖虎
他……

胖虎算什麼！
家裡有
老鼠啊！老鼠！

對了！
用炸彈把家轟掉
算了！

冷靜點，
哆啦A夢！
清醒點呀！

未來沒有類似
抓老鼠的
道具嗎？

有是有
啦……

光與聲音魔法帽Q&A

Q 照射超音波後會變好喝的飲料是什麼？

①茶 ②果汁 ③酒

A

③酒。超音波振動可促進化學反應，加速酒的熟成。

「驚音波發振式
老鼠、蟑螂、
臭蟲、塵蟎、
白蟻驅蟲機」

二十世紀也有類似的東西，
比如說用超音波趕蚊子的機器，
這是依照此原理進一步發展而成的。

那不就好了！
馬上用用看啊。

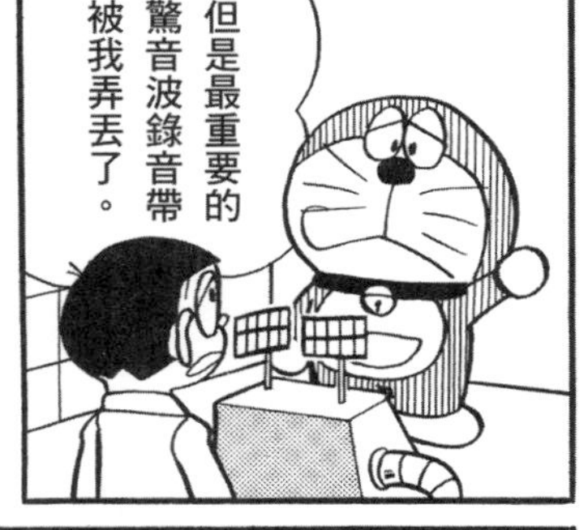
但是最重要的驚音波錄音帶被我弄丟了。

!

胖虎他啊，
最近又作了新歌。

想發表卻沒人要聽，正在氣頭上。
好主意！
把胖虎的歌輸入這台機器，
取出音波中特別有害的部分，大大加強威力的話……

一看就知道
滿臉不高興⋯

幹嘛⋯⋯
你說什麼？

我們想聽你的新歌。

⋯⋯⋯⋯⋯⋯

※感動
我的知心好友啊！

※感動涕零
不只新歌，所有的歌都想聽。
你、你們這麼愛聽我的歌？

這是什麼？
加強歌曲震撼力的機器。
不要在意。

喔！你們真親切！
我好開心。

光與聲音魔法帽Q&A

Q 海豚和鯨魚發出的超音波可以傳遞多遠？①約一百公里 ②約一千公里 ③約一萬公里

在唱之前，
先叫媽媽去避難。

我並不想出門啊。
別這麼說，出去就是了。

煩死了，我說不出去就是不出去！

為了媽媽的安全著想只好這麼做。

耳朵塞緊一點，

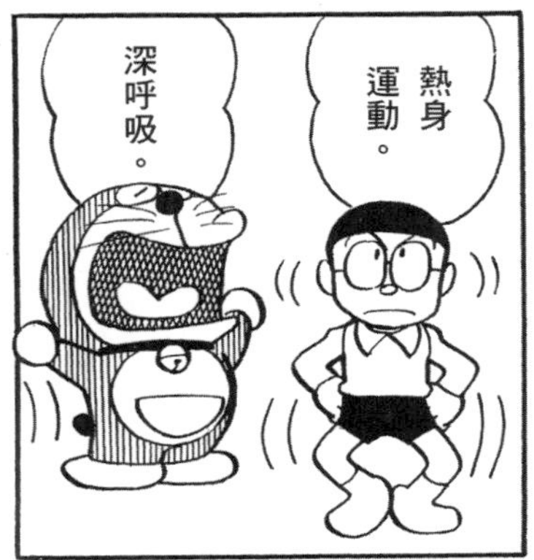
熱身運動。
深呼吸。

可、可、可以開始了！
儘、儘、儘管唱吧！

A ②約一千公里。雖然海豚和鯨魚生態仍有許多未釐清之處，一般認為超音波可以傳遞超過一千公里的距離。

Q 飛機的飛行速度超過一馬赫時，會出現什麼狀況？ ①衝擊波 ②超音波 ③振波

好！
我要全力發揮囉！

嗚！
嗚！

好驚人！耳朵雖然塞住還是聽得到巨響！
忍耐一下！這股驚音波可以擴散到家中每個角落。

啊？
ヨロヨロ

コロン
ヒクヒク
※掙扎 ※翻倒

好厲害！繼續繼續。
再多唱一點。

※框啷

ポロ
ポロ
※砰隆

※ 嘎噠嘎噠

※ 啪噠啪噠啪噠

好可怕的哀嚎！彷彿是從煉獄裡傳出一般。

啊！你看！

老鼠逃走了！

太好了。
你們這麼高興，我也很開心。

A ①衝擊波。當物體前進速度超過音速，周遭空氣就無法避開物體，於是產生強力音波（衝擊波）。

數日後……

老鼠、蟑螂、
臭蟲、塵蟎、
白蟻
一舉消滅
收費二百圓
大雄消毒社

居然自作主張亂來！

咦！有白蟻？
真糟糕呢。

放著不管的話，房子都會被蛀掉呢！
嗯，我馬上過去。
過程很危險，不可以有人在家喔。

※撥號

啊，胖虎。
我好懷念你那藝術之歌喔……
喔，你很樂意開口？謝謝。

今天的會場在靜香家。
我等你喔。
要是穿幫就糟了。

我會小心不要穿幫的。

光與聲音魔法帽Q&A

Q 醫生看診時會輕敲患者胸部，以聽診器聽聲音。請問聽的是什麼聲音？
①心臟 ②肺 ③骨頭

驅蟲方法完全保密。
而胖虎也真的以為他在開個人演唱會。
胖虎高興。靜香開心。錢進我口袋。
這等好事豈能不做。
再過數日……
我的知心好友，
有事拜託。
聽說你趕走了小夫家的蟑螂。
我家也要。
這不是唱歌的機器嗎？
可以用來抓蟑螂？
趕快用給我看。

A ②肺。肺部積水時聽起來的聲音會比正常狀態小，而且很快消失。

啊？

這個世界上真的存在人類聽不見的聲音嗎？

人類與動物聽見的聲音皆不同

誠如前頁有稍微提及到的，人類可以聽見的聲音範圍介於二十赫茲到兩萬赫茲間，凡是低於二十赫茲的「次聲波」或是高於兩萬赫茲的「超音波」都無法感知。不過，人類以外的動物可以聽到與我們不一樣的聲音。大家聽過「狗笛」嗎？狗笛是一種會發出人類聽不到的超音波，但卻可以對小狗發號施令的工具。小狗可以聽到的聲音範圍比人類多出一倍，動物為了覓食、躲避天敵攻擊，因應各自生態，進化出適合的聽覺能力。

汪
汪
汪
？

▶家裡養的小狗突然產生反應，或許就是因為聽見人類聽不到的聲音。

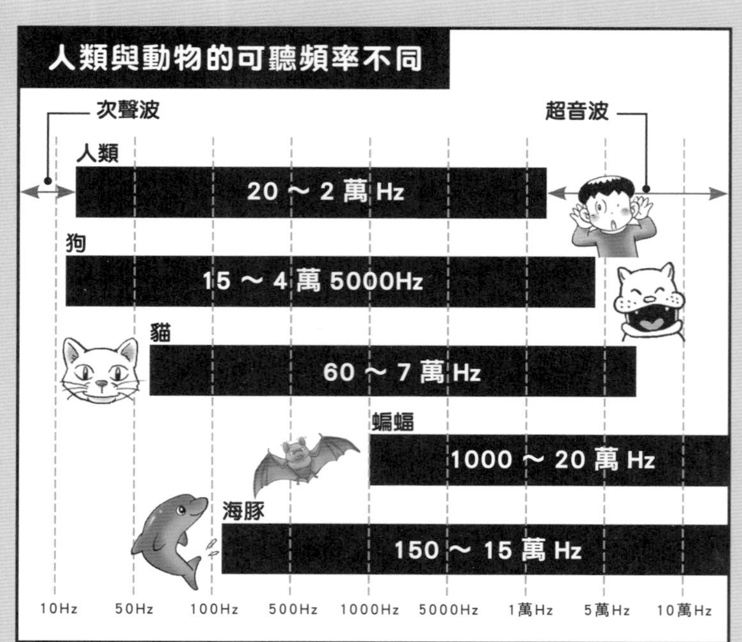
人類與動物的可聽頻率不同
次聲波
超音波
人類
20 ～ 2 萬 Hz
狗
15 ～ 4 萬 5000Hz
貓
60 ～ 7 萬 Hz
蝙蝠
1000 ～ 20 萬 Hz
海豚
150 ～ 15 萬 Hz
10Hz
50Hz
100Hz
500Hz
1000Hz
5000Hz
1萬Hz
5萬Hz
10萬Hz

人體可以感受到聽不見的聲音

熱愛音樂的人通常喜歡傳統的黑膠唱片勝過於CD，據說如果以高性能音響播放做比較，可以明顯聽出傳統唱片的「音質比較好」。不可諱言的，CD裡記錄的是壓縮過的音樂檔，但它排除的應該只有人類聽不見的聲音，可是，為什麼就是比不上唱片？

▶人耳聽不見的超音波可能就是讓音樂更有層次的功臣。

聲音與人類知覺之間的關係還有許多未釐清之處，曾有研究報告指出，人類雖然聽不見超音波，卻可以感受到「氣氛」。此外，高於兩萬赫茲的超音波成分會讓人類大腦釋放出α波，令人心情愉悅。以前的CD會排除兩萬赫茲以上的聲音，但最近的CD則能錄到二十萬赫茲的聲音。

次聲波也會對人體造成負面影響

與超音波相反的「次聲波」頻率低於二十赫茲，同樣也是人耳聽不見但身體可以感知到的聲音。不過，次聲波不僅會讓人產生壓迫感，還會引發細微振動，令人備感困擾。引發次聲波的原因相當多，家中電子產品的馬達持續產生的細微振動即為一例。居家附近若有工廠、施工現場與高壓電，這些地方發出的振動也會傳入空氣與地面。不僅如此，自然現象有時候也會引起振動。

當人長期暴露在這些次聲波的振動之中，就會引起噁心、身體不適等反應。不過，由於很難找到真正原因，因此不容易解決次聲波引起的各種問題。

▼如果你感覺身體不適，而且找不出原因，很可能是受到次聲波的影響。

媲美高性能雷達
懂得利用超音波的各種動物

攝影／朝倉秀之

瓶鼻海豚

海豚與蝙蝠這類動物能聽到比人耳極限頻率高出許多的聲音，牠們在日常生活中將超音波當成雷達使用。頻率較高的聲音，音波波長較短。聲音波長越短，越會朝直線前進。只要將超音波往特定目標發射，就會正中目標並直線反彈回來。因此，只要能掌握反彈回來的時間，就可以計算出彼此之間的距離。

海豚與蝙蝠利用天生的超音波雷達，找出魚、昆蟲等食物。而且超音波也有助於了解地形，因此牠們絕對不會找不到自己的巢穴。海豚更能進一步利用超音波與同伴溝通，可說是裝載了與人類高科技裝置相同性能的設備，真是不可思議。

利用超音波的生物世界

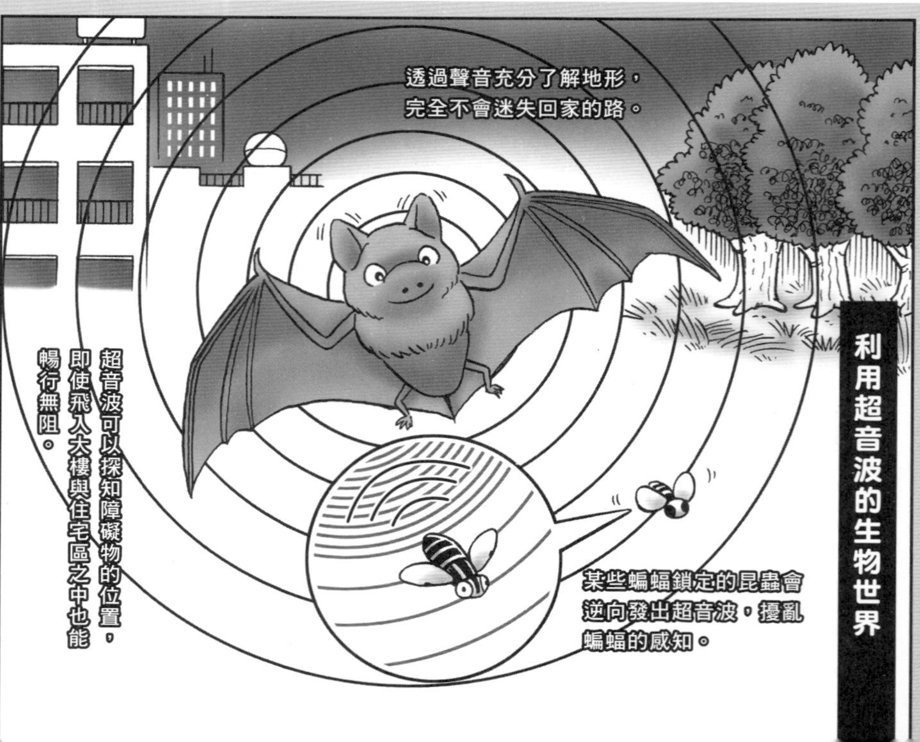

透過聲音充分了解地形，完全不會迷失回家的路。

某些蝙蝠鎖定的昆蟲會逆向發出超音波，擾亂蝙蝠的感知。

超音波可以探知障礙物的位置，即使飛入大樓與住宅區之中也能暢行無阻。

耳朵能感受眼睛看不見的東西 使用超音波的高科技裝置

直進性較強的超音波，很容易將能量集中於一點，人類著眼於這項特性製作出各式各樣高科技裝置。

包括維持飛行安全的超音波雷達、漁船用來尋找魚群的魚群探測器。此外，只要善用超音波振動就能製作出超強鑽子，遇到堅硬材質也能輕易穿洞。將這項技術運用在醫療上，可以製作出銳利的超音波手術刀，從體外照射強力超音波，無須動開腹手術就能治療癌症與結石。不僅如此，還有利用震波轉動轉子的超音波馬達、檢測物質硬度的超音波顯微鏡、協助倒車入庫，避免碰撞的超音波感測器等。日常生活中，無論在各種場合皆可看到超音波高科技裝置。

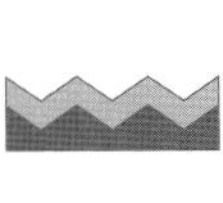

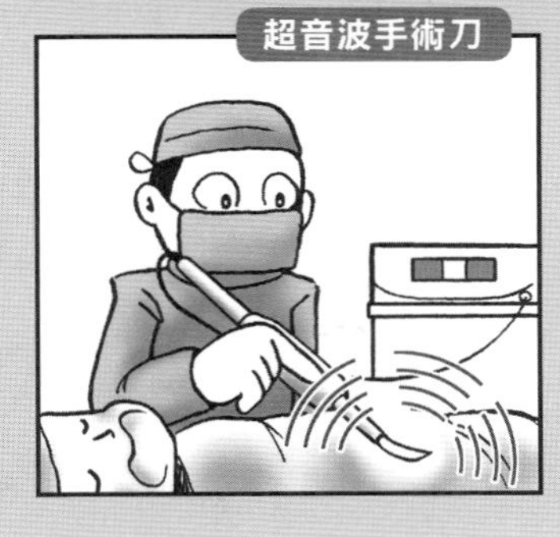
超音波手術刀

魚群探測器

特別專欄

連超音波也聽得到？骨傳導的祕密

人類的耳朵與骨骼（聲帶使骨骼振動的骨傳導音）都能聽見自己的聲音，骨骼可以傳遞與空氣不同特性的聲音，例如超過 20000 赫茲的超音波。正因如此，人類其實分辨不出自己的聲音。

? ? ?

▲ 任何人透過錄音機聽自己的聲音時都會覺得怪怪的，原因就在於骨傳導音。

可聽音與超音波的差異

可聽音

前進時呈擴散狀態。遇到障礙物也會繞到另一側包覆。

音源

超音波

具有強烈的直進性。聲音不會環繞包覆，遇到障礙物會反方向回彈。

音源

超大型特效電影
「宇宙大魔神」

※專注
※專注
你在幹什麼？
我在拍銅鑼燒的大特寫，
馬上倒回去看。
咦？要我拍你嗎？
把我拍在鏡頭畫面上半部。
※喀嚓
看起來很白癡。
※跳跳
馬上來看看。
カチ
這樣就變成放映機。
ジャー
※照射

光與聲音魔法帽Q&A

Q 最好不要在哪種光碟標籤上，以細字筆寫字？

①CD ②DVD ③BD

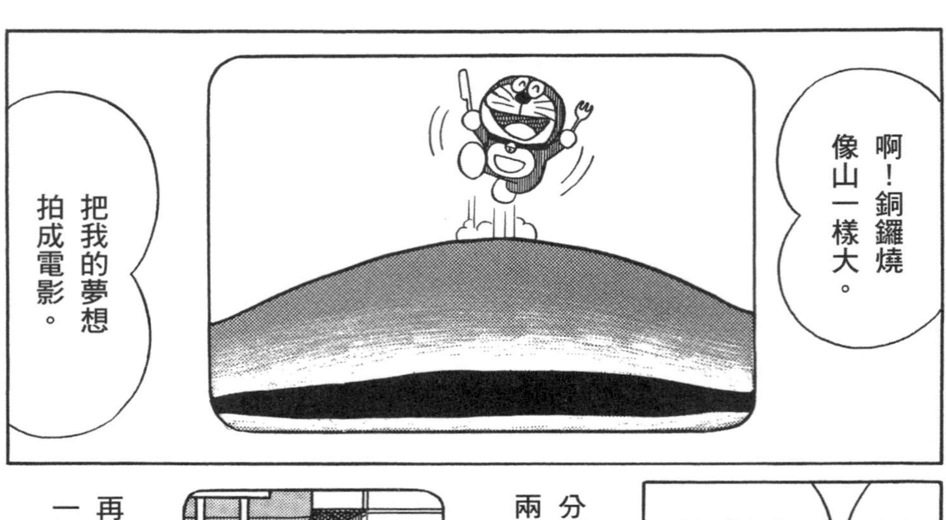
啊！銅鑼燒像山一樣大。
把我的夢想拍成電影。

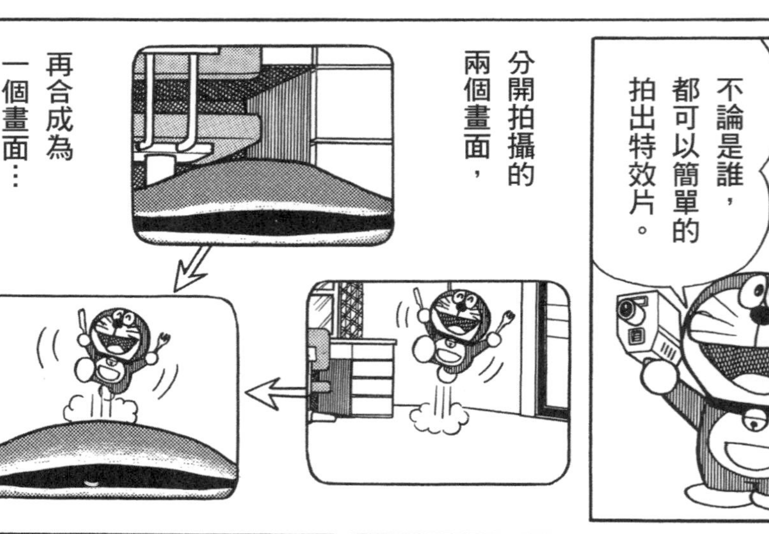
「簡易特效相機」，
不論是誰，都可以簡單的拍出特效片。
分開拍攝的兩個畫面，
再合成為一個畫面……

來拍吧！拍有趣的電影！
我來當主角。
不不不，我才是主角。

你能當主角嗎!?
你不也一樣!!

嗯……
這個問題
先擱在
一邊。

反正只有
兩個人
也拍不成
電影，
要是沒有
女主角
就不好玩
了。

我是
大雄電影公司的
社長。
你在
開什麼玩笑？

請妳當
我們
公司的
專屬
女演員。
?

因為
哆啦A夢
他……

好像很有趣。
原來出木杉
也在啊！

他想當
編劇和
導演。
太合適了！
出木杉
腦筋很好。

A ①CD。這三種光碟產品中，CD的記錄面最接近標籤面（表面），距離只有零點一公釐。

其實我想用
八厘米
拍卡通，
所以寫了
劇本。

『宇宙大魔神』

是講述宇宙大魔神和
少年戰隊的
對決。
喔？
真有趣
呢！
有很多
精采的
場面。
四個人
不夠人數吧！

道具和
布景
要怎麼做？

衣服
要怎麼辦？

最重要的，
沒有攝影棚
是不能拍的。

我有
辦法。

有很多種
道具喔…

「拍立得速成
迷你屋製造
照相機」。

光與聲音魔法帽Q&A

Q 3D電視運用什麼方式呈現立體影像？ ①將兩個畫面重疊在一起 ②給左右眼看不同影像

A

②給左右眼看不同影像。人的眼睛會從不同角度看東西，利用此生理特性讓畫面變立體。

可以操控模型的「搖控黏土」。
衣服就用「更衣照相機」。
攝影棚用「簡易地下室」。
沒見過這個耶。
來用看看。
埋在這個地方…
把引線接到開關上。
グイ

※轟隆　※壓

Q 可以利用聲音消除雜音或噪音。這是真的嗎？

這個箱子在地面下膨脹啦？

這麼寬的話可以搭很多布景。

只要按下這個開關所有的燈都會亮。

大家分工合作吧！

我去找演員。
我去拍模型。
我來做黏土。

A 真的。只要發出與噪音波形相同且上下顛倒的聲音就能消除噪音。目前已實際運用於控制飛機內部噪音等場合。

電影演員!?
沒有人比我更適合的了!!

我也要加入!!

不要找胖虎比較好。
對啊，不要比較好。

那傢伙一定會搞得天翻地覆。
我也是這麼想。

你們在說什麼啊？

什麼事都沒有。

這麼多應該夠了吧！

※ 掉落　※ 喀嚓

大魔王的宇宙戰艦做好了。
看不出是黏土做的耶！

太棒了!!
你真是天才。
這邊也布置好了。

那開始拍攝吧！
耶！
開始吧～

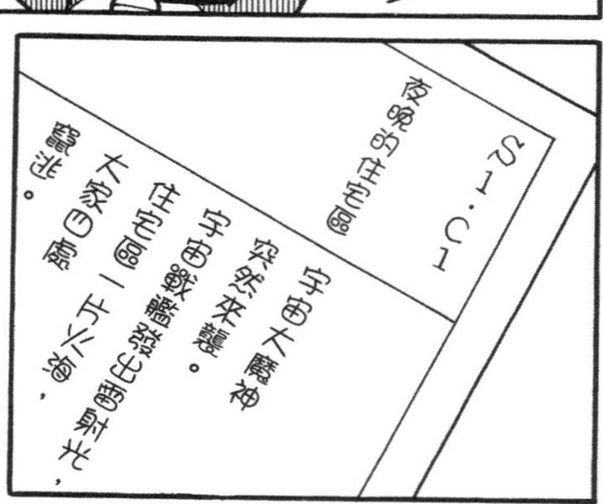
S-1-C-1
夜晚的住宅區
宇宙大魔神
突然來襲。
宇宙戰艦發出雷射光，
住宅區一片火海，
大家四處逃竄。

準備拍攝。
OK！

光與聲音魔法帽Q&A

Q 眼鏡店櫃檯都會擺放的眼鏡清洗機利用何種方式清潔？
①水流 ②超音波 ③清潔劑

A

②超音波。在水槽裡產生高頻率音波，引起每秒數萬次振動，消除眼鏡汙垢。

把星空映在天空布景上。

是這個按鈕嗎？

搖控前進!!

※轟炸

好有魄力!!

Q 杯麵的塑膠製杯體與蓋子是利用音波密封。這是真的嗎？

來拍城裡的人逃竄的畫面，
等一下再和背景合成。

好了，OK!!
感覺真不錯！
大家演得都很好。

我把它當成被胖虎追的時候。
我也是。
我也是。

下一場，逃到山丘上的少年們看著燃燒的城鎮。

去拍外景，
到學校的後山吧！

要憤怒又有點悲傷的表情。
想像被胖虎欺負的時候⋯

好！接著是正義的超人力霸王出場畫面。

是我！我要當!!

不讓我當，我就不把這些道具借給你們!!

真是沒辦法。

鏗鏗鏗!!

等會再和星空合成，

再配上帥氣的音樂。

千萬不能沮喪！

能夠拯救地球的就只有你們了！

你們要組成少年戰隊去消滅大魔王!!

接下來，超人力霸王的手一揮，大家都換上了帥氣的制服。
用「更衣照相機」吧！

衣服設計好了，
我以後想當設計師。

A 真的。超音波振動摩擦製造高温狀態，即可融解些許塑膠，密封開口。

※喀嚓
相機設定好……
カシャ

※穿上
感覺真不錯！
パチ
パチ
パチ
パチ

女生的制服設計的有些不一樣。
哇！真期待。

呀啊！這是什麼!?
好耶！好耶！
ピー
ピー
パチ

※穿上
可是科幻電影裡常常都是這個樣子啊！
我也覺得不錯呢！

※口哨聲
嗯……這還差不多。

出發吧！到魔王星去！

光與聲音魔法帽Q&A

Q 高鐵等高速列車特有的噪音來自何種原因？ ①車輪的聲音 ②馬達聲 ③車輛的風切聲

A

③車輛的風切聲。就像風吹進縫隙會發出咻咻聲一樣，當列車高速行走時，集電弓與連結部位會發出極大噪音。

魔王是指什麼？
哇！
出現了!!
胖虎，我們正在找你。
你到哪裡去了？
什麼？電影？
請你務必要來當主角。
還真會裝。
這下糟了，
剩下的角色只有一個……
宇宙大魔王。
宇宙大
他不可能答應演壞人的。
想辦法瞞著他囉！
當然，我是正義的使者吧！
接下來要在攝影棚拍攝了。

戰隊的航艦在前往魔王星的路途中。

登陸的地方在叢林深處。

這要怎麼做？
將書上的叢林照片，
用模型相機照出來。

※沙沙沙

光與聲音魔法帽Q&A

Q 為什麼家用加溼器會噴出像霧一般的空氣？ ①加熱水至沸騰 ②以超音波振動水

A

②以超音波振動水。以超音波振動水，水的表面就會受到拉扯，形成細粒子，最後揮發成霧。

拍叢林的
特寫。

然後把底片放到
「立體放映機」
上……

哇～～好像真的
一樣。
大家繼續
往魔王城
出發吧！

下一幕，
魔王手下的
怪物們
來襲，
雙方展開
激烈的戰鬥。

チュ
チュ
チュ

※發射

唔！伙伴們有危險了!!

放心吧！
有我在，不用怕那種怪物!!

你還不用出場。

怪物的「遙控黏土」呢？
我做好了！

做得太棒了！

嘎啊！嘎啊!!
把這個和剛才的畫面合成，它就會變成巨大的怪物。

光與聲音魔法帽Q&A

Q 現代人如何測量海的深度？ ①使用綁著重物的繩子 ②以電波測量 ③以音波測量

怪物逃走之前……
把靜香抓走了。
這時就輪到我救她了！
※咚沙
ドサ
你還不用出場啦！
還有很多冒險的鏡頭，先擱在一旁吧。
先從最後發現魔王城的地方開始吧！
放出煙幕。
好！氣氛都出來了。
勇敢前進的少年戰隊們出發!!

A ③以音波測量。過去使用繩子測量，現在則利用船舶發射音波到海底，根據其反射時間計算深度。

你不用過去。

場景換到城裡，
靜香被抓住的鏡頭。

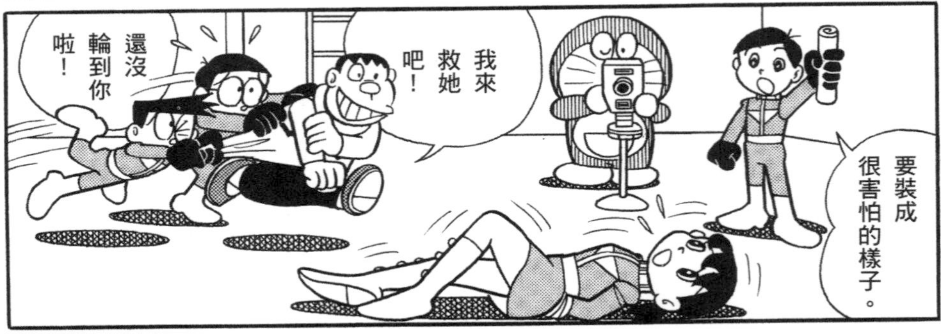
要裝成很害怕的樣子。
我來救她吧！
還沒輪到你啦！

喂喂喂！
我到底什麼時候才能上場啊!?

今天家裡還有事耶！
不快點回家老媽會罵我的!!

那我們先拍大明星的部分吧！
剩下的我們之後再慢慢拍吧！
這就是我的戲服嗎？

光與聲音魔法帽Q&A

Q 目前美國紐約市警察正在開發的計畫是什麼？ ①利用電磁波查緝槍械的裝置 ②雷射槍

首先拍大笑的表情。

接著拍吃飯的鏡頭。
喔！原來正義使者也是有吃飯的時候。

打倒壞人的鏡頭。

被打敗的時候。
為什麼我會被打敗？

正義使者至少要有一次陷入危機吧？不然多無趣啊！

最後打敗了敵人，在睡午覺的鏡頭。

電影拍好後記得叫我來看喔！

要讓他看嗎？
讓他看的話會被他殺掉吧？

A ①利用電磁波查緝槍械的裝置。他們正在開發可穿透衣服卻無法穿透金屬的遠紅外線裝置，以查緝歹徒藏匿的槍枝。

我們偷偷
辦試映會
吧。

太帥了!!
真是有趣的
電影啊!

※嗶嗶
※宇宙大魔神
※啪嘰啪嘰

喂!!

試映會!
為什麼
沒叫我!

喔!
正好是
我出場
的時候!

這是什麼?

光與聲音魔法帽Q&A

Q 植物若不照射陽光,而是照射紅色、藍色等特定波長的光線,就會改變其生長過程。這是真的嗎?

A 真的。科學家在以人工照明栽種蔬菜的植物工廠裡進行研究，使用不同波長的光線促進蔬菜生長，提高營養價值。

救命啊！
我要殺了你們!!
—完—

在影像世界中大放異彩的新光線技術

然後把底片放到「立體放映機」上…

液晶技術問世 創造又輕又薄的電視產品

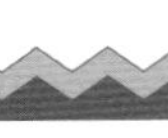

漫畫裡哆啦A夢等人為了拍電影，使用「簡易特效相機」以及「立體放映機」等器材。特殊攝影其實相當困難，但現在行動電話與數位相機都能輕易拍攝影片，可享受立體影像（3D）的電影和3D電視也日漸普及。隨著電子機器普及，電影世界突飛猛進，個人拍攝電影再也不是夢想。

最貼近一般人生活的影像世界中，電視是這幾年變化最快的領域。十幾年前，電視還是個占空間而且「笨重的大箱子」。映像管電視機產生彩色影像的原理是，在螢幕內側塗上紅、綠、藍等粒子較細的螢光劑，將電子照射在螢光劑上使其發光，即可顯現出彩色影像。由於內含一具電子槍，將電子照在整個畫面上，因此需要較深的空間擺放零件，加上以玻璃製成的映像管很沉重，使得電視機變得又大又重。

液晶電視是讓電視機變「輕薄」的最大功臣。液晶電視並非透過螢幕發光顯色，而是在螢幕後方的發光板與螢幕之間夾一片液晶板控制，呈現影像。

▼液晶板利用發光板（插圖左邊）穿透或遮住光線，調節畫素明暗。

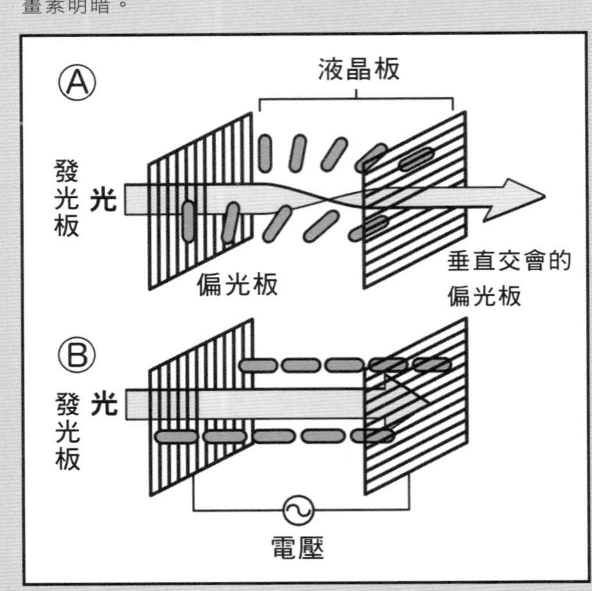

Ⓐ
液晶板
發光板
光
偏光板
垂直交會的偏光板
Ⓑ
光
發光板
電壓

插圖／加藤貴夫

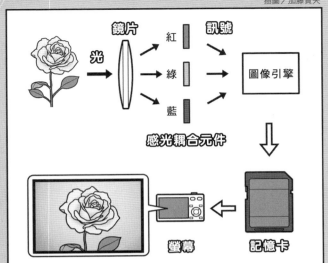

插圖／加藤貴夫

▲ 數位（錄影機）相機的作用原理，是利用稜鏡將光分成三原色，再利用三個感光耦合元件轉換成電子訊號的 3CCD 技術，展現更高性能。

光經過排列在螢幕上的畫素就會顯色，光不經過畫素，顏色就會消失，液晶板的功能就是控制這個部分。液晶指的是介於固體和液體之間的「物質狀態」，其特性就是像液體一樣具有流動性，分子朝一定方向流動。

將液晶分子放在橫向轉九十度的液晶板（請參照前頁圖A），以及與液晶板垂直擺放的偏光板（只能通過往同一方向振動的光）之間，光也會跟著扭轉光電場方向，從前方偏光板射出。不過，當電子通過液晶板，分子會全部往電場方向整齊排列，光就不會扭轉光電場方向，也不會被遮住（請參照前頁圖B）。此外，改變外加電場大小也可以調整光線量，使螢幕呈現各種顏色。

將光當成電子訊號保存的數位（錄影機）相機

隨著數位技術進步，相片與影片的攝影方法也產生很大變化。過去無論是相片或影片都利用底片顯影，透過感光物質的化學反應固定影像。但現在廣泛普及的則是將光當成電子訊號記錄下來的數位相機與錄影機。

感光耦合元件（CCD）會將通過鏡片的光轉換成電子訊號，以人體為例，感光耦合元件的作用相當於視網膜。影像引擎負責處理該訊號，將其轉換成影像或影片，發揮大腦功能。經過一連串處理的影像或影片就會儲存在記憶體中，利用螢幕播放出來。

光碟如何記錄光線與聲音？

喔，這不是一夫嗎？

使用雷射光記錄大量資訊的光碟

雷射光可說是二十世紀最大的發明，不只是訊息通訊，也運用在工業、醫療等各種領域裡（請參閱第二〇一頁）。光通訊以及條碼讀取裝置等使用雷射光的儀器，廣泛存在我們身邊。光碟就是其中之一。

儲存在光碟裡的音樂與影像，全都是數位化資訊，並以零與一記錄下來。這些資訊皆記錄在光碟銀色面上的凹凸點。接著，只要以雷射光照射光碟記錄面，就能讀取（播放）記錄在裡面的資訊。雷射光遇到凸點（訊坑）時，反射光會擴散變弱；遇到凹點（基面）就會直接反射，透過反射光的強弱辨別零與一。

如果是寫入資訊的光碟，雷射光會使部分反射面（記錄面）產生變化，減弱讀取時的反射光，擁有與訊坑同樣效果。過去以「燒」這個動詞表現將資料記錄在光碟裡這件事，這是因為雷射光會將部分記錄面加熱至

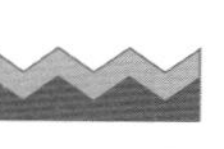

▼利用雷射光讀取光碟資訊的作用原理。透過反射光的強弱，分辨並讀取以0與1記錄下來的資訊。

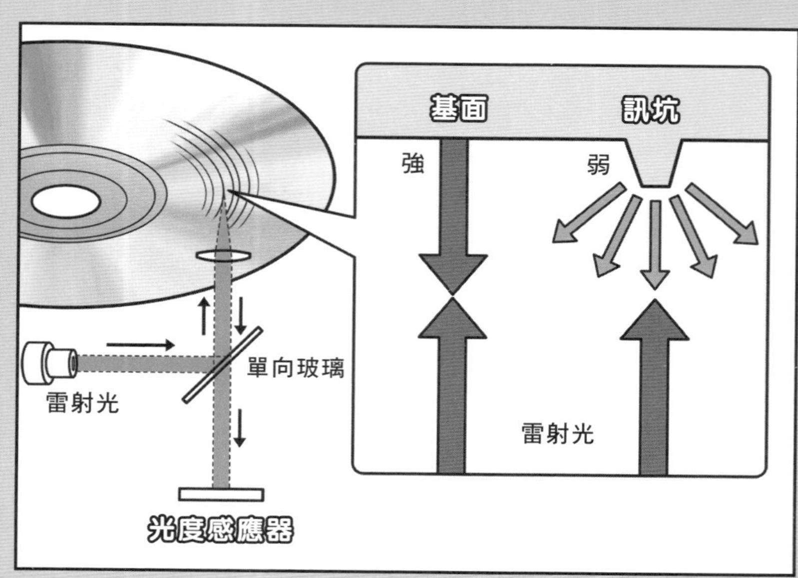

基面
訊坑
強
弱
單向玻璃
雷射光
雷射光
光度感應器

插圖／加藤貴夫

高溫，產生變化。

光碟名稱不同，代表記憶容量的差異，DVD是CD的六倍以上、BD（藍光光碟）是DVD的五倍以上。不過，這些光碟尺寸皆為直徑十二公分。要在有限的記錄面裡寫入更多資訊，就必須縮短訊坑寬度和間隔，提高記錄密度。此外，讀取資料時，還必須縮短雷射光的波長。比較訊坑間隔，CD為一點六微米（一微米是一千分之一公釐）、DVD為零點七四微米、BD則是零點三二微米，不到DVD的一半。至於雷射光的波長，CD為七百八十奈米（一奈米是一百萬分之一公釐）、BD使用的藍光波長則為四百零五奈米，相較之下非常短。

有什麼
不同呢？
CD
DVD
?

▲無論是哪一種規格，光碟的尺寸皆相同。

另外，光碟的厚度是固定的，只有一點二公釐，而各種規格的光碟記錄層位置卻各有不同。記錄層最接近標籤面（表面）的是CD，距離表面只有零點一公釐。接著是DVD，位於零點六公釐的位置，相當接近整個厚度的中間位置。BD則剛好與CD相反，記錄層距離背面只有零點一公釐。

特別專欄

現代是可以利用人工方式創造音樂與人聲的時代？

如今只要使用電腦或專業機器，不只能以人工方式創造各種樂器音色，也能製造人聲。

事實上，以人工方式演奏樂器，早已深入各種音樂製作領域。舉凡電玩遊戲音樂、廣告配樂，甚至KTV伴奏帶，都是以機器做出來的，早已不再請音樂家現場演奏。

人類的聲音合成也常被運用在公眾資訊廣播、介紹家電製品使用方法等領域，今後的運用範圍肯定會越來越廣泛。

影像播放鏡

嗨，你一臉嚴肅在看什麼啊？

プイ

※轉身走掉

怪人。
新來的轉學生叫做阿成。
別理那個怪人了。

他老是躲在一旁垂頭喪氣。
真奇怪。

我回來了。
是哆啦A夢的銅鑼燒。
把它藏起來。
嘿嘿……
咦？我的銅鑼燒呢？
誰知道。
哼……
好，我調查看看。
「影像播放鏡」。
魔鏡啊！魔鏡！
請告訴我銅鑼燒在哪裡。

光與聲音魔法帽Q&A

Q 第一個發現雷射光基本原理的科學家是誰？①愛因斯坦 ②霍金 ③威廉・倫琴

A
①愛因斯坦。以「相對論」聞名的愛因斯坦，發現了雷射光的生成理論（受激發射）。

出現影像了。
這是哪裡。
？
我知道了，是客廳。
究竟是誰，
把我的銅鑼燒藏在這裡？
雖然早就猜到犯人是誰，不過還是確認一下。
喔——
這還具備了錄影機功能。
カチ
※喀喳
十分鐘前，
這時銅鑼燒還在原位。
啊。
壞蛋!!

光與聲音魔法帽Q&A

Q

用來檢查孕婦體內胎兒狀態的裝置是什麼？
①電腦斷層掃描
②超音波診斷儀

那是什麼鏡子？
告訴我嘛。

只要對準目標按下按鈕⋯⋯
カチ

※喀嚓

之後就會不斷播放現況。

而且隨時隨地都能顯現。
真的耶!!

好好玩，借我。

去拍靜香。
慢著！

不可以拿它來偷窺別人隱私。

這原本是動物學者在研究時使用的道具。

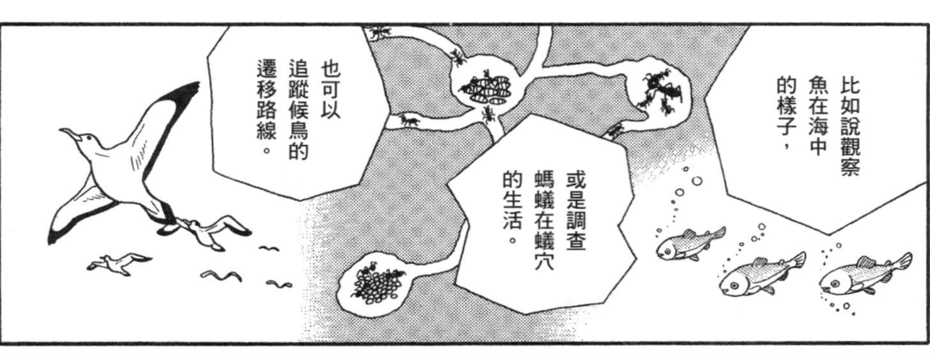
比如說觀察
魚在海中
的樣子，
或是調查
螞蟻在蟻穴
的生活。
也可以
追蹤候鳥的
遷移路線。

我不會
用來
惡作劇的。

那你要做
什麼？
做什麼
好呢～

你在找
東西嗎？

他不理你耶。
真是奇怪
的傢伙!!

別跑
～～!!

A ②超音波診斷儀。X光屬於高能量電磁波，因此使用較安全的超音波進行檢查。

光與聲音魔法帽Q&A

Q 接受超音波檢查時，為什麼要在皮膚上抹膠狀物質？ ①使儀器更貼合身體 ②具有麻醉效果

把球還給我!!
カチ

※喀嚓

拍到了？
當然！
小狗已經甩開小夫他們了。

轉個彎……

跑進了空地。

把球埋在那裡。

笨狗！
可惡的小偷!!

在這裡喔。

A

①使儀器更貼合身體。膠狀物質能使儀器更貼合身體，方便音波進出。

妳在看什麼？
我撿到這張照片。
我想掉的人一定正急著找。
可以把時間倒轉播放。
照片掉在這裡。
啊，是阿成同學。
阿成同學一直在看的就是這個啊……
怪人。
不可以這樣說人家。

光與聲音魔法帽Q&A

他很
可憐的。

Q 發射天文觀測衛星的理由？ ①比在地表上更接近天體進行觀測 ②避免觀測時受到大氣影響

他爸爸當
船員
出海去，
最近媽媽
生病
住院了。
世界上
還有比我們
更不幸的人。

不知道
該怎麼
安慰他……
阿成
同學～

…………
…………

這是
你的吧？
爸爸的
照片!!

謝謝!!
カチ

我有個
好主意，
還有
多的
鏡子嗎？
有啊。

※喀嚓

A ②避免觀測時受到大氣影響。外太空可以觀測到被大氣層阻擋在外的紫外線與X光線。

接下來是那個……
我懂了，是「任意門」對吧。
到阿成同學的爸爸的上。
ボオ〜
※鳴笛
在這裡。
請你收下。
喔，這不是一夫嗎？
會動耶！
カチ☆
※喀嚓

爸爸!!

一夫!
好久不見，能看到你真好。

過得好嗎？
嗯，嗯…

那就好。
我很擔心你，
怕你會交不到朋友躲起來哭。
爸爸，你放心吧，我交到很多朋友了喔。

阿成同學變得有精神了，真好。

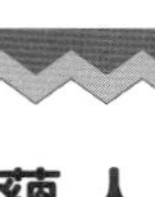

開展未來科技的光線與聲音最新技術是……？

人類可以製造的雷射光蘊藏各種可能

我們每天生活在充滿光線與聲音的環境裡，有別於生活中的光線和聲音，那些由人類發現或發明的最新光線與聲音科學技術，讓我們的生活更加舒適便利。其中最具代表性的最新光線技術就是雷射光。

雷射光不存在於自然界，是人類創造出來的光。太陽光和照明器具等一般光線都是由波長與前進方向各異的光線集結而成，但雷射光是一群波長與前進方向皆相同的光。舉例來說，一般光線就像是穿越設有「行人專用時相」的十字路口的人群，會到處亂走；雷射光則是排著整齊隊伍遊行的儀隊。雷射光最大的特性就是強烈能量集中於一點。反觀集結各種波長的一般光線，當我們想要將其聚集於一點，就會受到不同波長影響，使得焦點變得很大。換成雷射光，焦點就會變得很小。

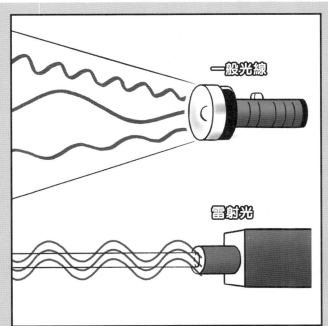

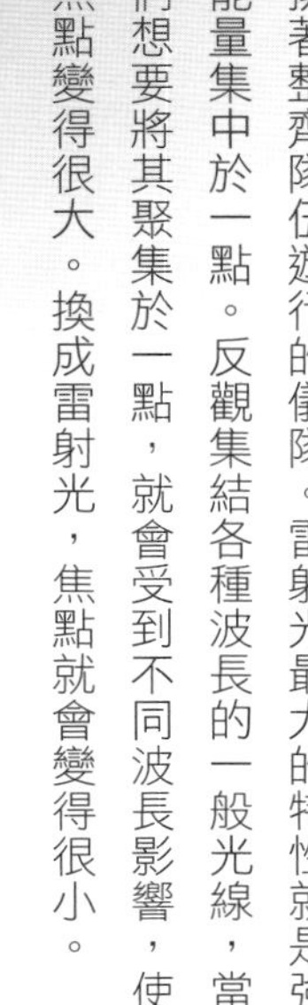
一般光線
雷射光

◀波長與前進方向皆相同的雷射光，打開了光的全新可能性。

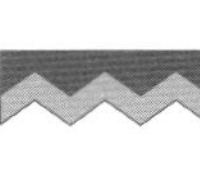

包括雷射光在內 各種光線運用方法不斷增加中

雷射光擁有許多一般光線沒有的特性，包括光線不易擴散、指向性高、可聚焦於數微米的小點、焦點溫度可超過攝氏一萬度以上，是目前運用範圍相當廣泛的光。前頁已經介紹過讀取光碟資料需要使用雷射光（請參照第一八八至一八九頁），不僅如此，雷射光也運用在光通訊等資訊、通訊業界，市面上還有雷射投影機（常用於舞臺照明、節慶活動，會發出光線般的燈光）、測量距離的精密儀器，或是醫療用雷射刀、工業用雷射焊接等產品，雷射光的應用技術日新月異。

光的新技術不只限於雷射光，太陽光也運用在發電上（太陽能發電），成為相當重要的能源。利用可使物質發光或被物質吸收的光譜特性，發明出可檢測物體中含有哪些物質的光分析儀器。最近最受矚目的則是光觸媒技術。利用受到光刺激即發生化學反應的物質（二氧化鈦），避免外牆髒汙，或達到除臭殺菌等效果。

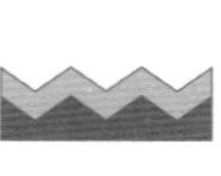

插圖／加藤貴夫

二氧化鈦
光（紫外線）
分解臭味和髒汙
水
二氧化碳

▲ 刷上二氧化鈦塗層的牆壁和玻璃窗照射光線（紫外線），即可利用分解有機物的光觸媒技術清除汙垢。

音波在大海中也能傳遞 超音波廣泛運用於醫療領域

音波的科學技術是在海中傳遞資訊不可或缺的關鍵，在刊頭彩頁上介紹過的「深海 6500」就是利用音波取代不容易在水中傳遞的電波，可說是最具代表性的海洋高科技技術。

除此之外，還有許多技術是運用人類聽不見、超過兩萬赫茲的超音波，其中以醫療領域的超音波診斷儀最為人所熟知。利用超音波進入體內（穿透），在組織交界處反射的特性透視體內影像，作為診斷依據。最近也開發出可以製作體內立體影像的裝置。

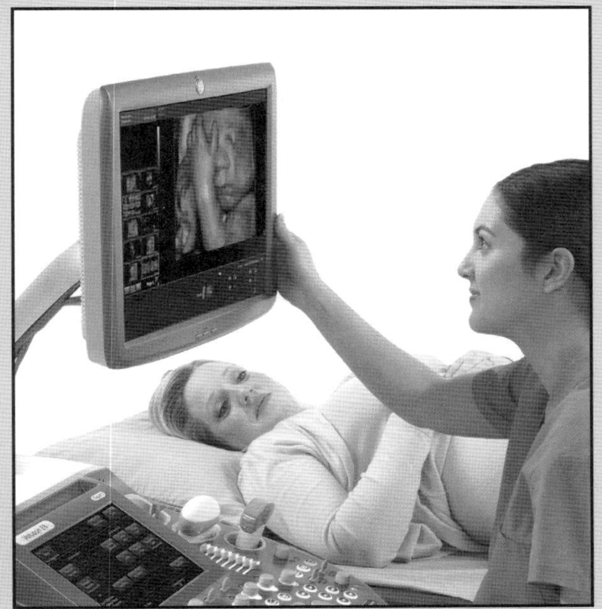

◀專為婦產科研發的3D超音波診斷裝置，利用即時立體影像顯示媽媽體內的胎兒狀態。

圖片提供／GE Healthcare Japan

特別專欄

與雷射光並稱「夢之光」的「同步輻射」

「同步輻射」係指帶電子或陽離子等帶電性的粒子以近光速移動，在前進過程中突然轉彎時所放射出的X光線等光（電磁波）。其最大特性就是非常明亮且不易擴散，利用同步輻射探索物質的細微構造與性質，完成過去顯微鏡和X光攝影裝置無法做到的研究內容。

例如解析蛋白質的複雜結構、分析微量元素、探索新材料的構造等，廣泛運用於醫療、生命科學、地球科學、產業利用等各種領域。

▲日本利用同步輻射進行廣泛研究的大型同步輻射設施「SPring-8」。

影像提供／RIKEN

後記　寫給《光與聲音魔法帽》的讀者

北原和夫

「光」與「聲音」是我們從小耳熟能詳的現象，日常生活中充滿各種光與聲音。

綜觀人類歷史，「光明與黑暗」可說是跨越時代的重要課題。此外，「聲音」是我們人類互相溝通的基礎，其重要性不可言喻。

從我們呱呱墜地那一刻起，無需任何人說明，都能感受到「光」的存在。不過，直到最近，人類才真正揭開「光」的廬山真面目。回溯探索「光」的歷史，十九世紀後半英國的馬克士威發表「電力與磁力相互影響」的重要成果，這個發現讓人類進一步解開「光」的祕密。人類走了很長一段路才發現這一點，在此之前的過程十分令人玩味。

古希臘時代，人類透過靜電現象發現「電荷」的存在，這是形成電場的基礎。此外，古人也知道名為磁鐵的石頭可以吸引帶鐵物質，利用地球本身的磁極（N極、S極）所發明的羅盤，成為船隻在海上

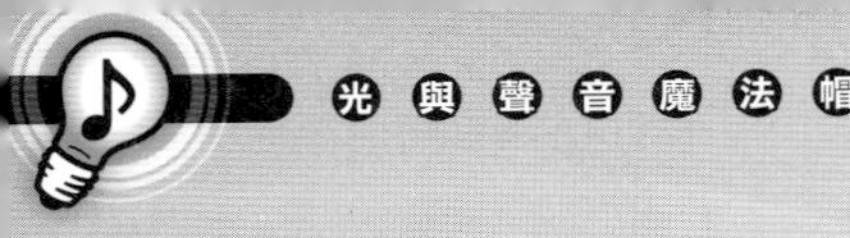
光與聲音魔法帽

航行的重要依據。話說回來，人類有很長一段時間認為電力與磁力是完全不同的物質。

時間來到十九世紀。當時的人類已經知道磁場是由電流產生（安培定律），到了十九世紀中葉，進一步發現磁場變動就會產生電場，使電流流經導線（法拉第定律）。馬克士威將安培定律發揚光大，指出電場的變動與電流一樣，會在周邊產生磁場。這個發現確立了電場變動與磁場變動相互影響，並以波的形式傳遞，而且當其速度與光速一致，便讓人類明白，原來那就是「光」！原以為電力與磁力是截然不同的作用，在經過長久歲月的探索之下，終於在這一刻解出了正確答案。

在此之後，關於「光的本質」究竟是「波」還是「粒子」仍未有定論，知名的牛頓也無法確定兩者之間的關係，最後是由大家最熟悉的愛因斯坦做出結論。馬克士威認為光的性質就是「電場與磁場的波」，到了二十世紀，愛因斯坦認為「光也具有粒子的特性」。本書也涉獵一二，這就是所謂的「光量子說」。

綜合上述內容，「光」不僅是統合電場與磁場的波，同時也是光量子，具有粒子特性，展現多樣面貌。蘊藏各種可能性的「光」，真令人感到不可思議。

關於「聲音」，又是怎麼一回事？

聲音也是人類自古熟悉的現象，在日常生活中絕對不可能沒有聲音。聲音必須透過物質（媒介）才能傳遞，其與空氣、水等可以任意變形的氣體或液體，以及遇到一點小變形會立刻恢復原狀的固體不同。人類直到最近才逐漸解開許多聲音的謎團，包括其發生原因、傳遞速度，甚至是人類聽不見的聲音。

即使如此，還是留下許多謎團。舉例來說，大家可能都有過這樣的經驗，「光與聲音」具有打動內心深處的力量。不只是物理層面，從音樂與繪畫等「藝術」層面來看，這些事物確實能感動我們的內心。深入的研究自然現象，以及接受自然現象的人類感官之間的關係，

我發覺這其中蘊藏著深奧的祕密。

閱讀本書之後，大家有什麼感覺？相信有些小朋友一定察覺到許多發生在生活周遭，卻從來沒注意過的新發現。同樣的，一定也有些小朋友發現到新的謎團。本書只是一本介紹光與聲音的「引言書」，衷心希望大家都能在書中發現不可思議的現象，進一步探索研究，解開「自己心中的謎團」。

或許你的新發現，將能夠幫助人類在未來揭開更多「光與聲音」的神祕面紗。

咦？好棒的歌聲!?
好像歌手一樣。
幸好我有把電視上歌手的聲音錄下來！

哆啦A夢科學任意門 ❻

光與聲音魔法帽

●漫畫／藤子・F・不二雄

●原書名／ドラえもん科学ワールド—— 光と音の不思議

●日文版審訂／ Fujiko Pro、北原和夫（東京理科大）、鈴木康平（自由學園高等科）

●日文版撰文／瀧田義博、山本榮喜、窪內裕

●日文版版面設計／ bi-rize

●日文版封面設計／有泉勝一（Timemachine）

●日文版編輯／ Fujiko Pro、山本英智香

●翻譯／游韻馨

●台灣版審訂／林泰生

發行人／王榮文

出版發行／遠流出版事業股份有限公司

地址：104005 台北市中山北路一段 11 號 13 樓

電話：(02)2571-0297　傳真：(02)2571-0197　郵撥：0189456-1

著作權顧問／蕭雄淋律師

2016 年 2 月 1 日 初版一刷　2024 年 1 月 1 日 二版一刷

定價／新台幣 350 元（缺頁或破損的書，請寄回更換）

ISBN 978-626-361-341-6

YLib 遠流博識網　http://www.ylib.com　E-mail:ylib@ylib.com

◎日本小學館正式授權台灣中文版

●發行所／台灣小學館股份有限公司

●總經理／齋藤滿

●產品經理／黃馨瑝

●責任編輯／小倉宏一、李宗幸

●美術編輯／李怡珊

國家圖書館出版品預行編目（CIP）資料

光與聲音魔法帽／藤子・F・不二雄漫畫；日本小學館編輯撰文；游韻馨翻譯. -- 二版. -- 台北市：遠流出版事業股份有限公司, 2024.1

面；　公分. --（哆啦A夢科學任意門；6）

譯自：ドラえもん科学ワールド：光と音の不思議

ISBN 978-626-361-341-6（平裝）

1.CST: 光學　2.CST: 聲音　3.CST: 漫畫

336　　112016970

※ 本書為 2012 年日本小學館出版的《光と音の不思議》台灣中文版，在台灣經重新審閱、編輯後發行，因此少部分內容與日文版不同，特此聲明。